# THE BRIDGE TO PHYSICS

## From Basic to University Entrance Exam Level

基礎レベルから入試レベルまでつなぐ

力学・波動

# 物理のブリッジ

河合塾 堀 輝一郎 HORI KIICHIRO

Gakken

# はじめに

　大学を目指す受験生と接し続けて，20年以上が経ちました。指導を始めた頃から今まで，どの時代の受験生も共通した悩みを抱えています。

「理解したつもりの内容も，実際に問題を前にすると解けない」

　そういった受験生にくわしく話を聞くと，教科書や参考書を読んで理解したはずなのに，その分野の問題が解けないと言います。

　そのような悩みを持つ受験生に共通するのは，演習量の少なさです。特に，参考書を中心に勉強をしている受験生によく見られる傾向があります。物理の参考書は講義形式のものが多く，その解説のわかりやすさゆえに，読んだだけで理解できてしまうからでしょう。

　ただ，「理解する」と「解ける」の間には，大きく深い谷があります。では，両者に架かる橋を渡り，「解ける」へ行くにはどうすればよいでしょうか？

　答えは，手を動かして問題を解くことです。

　力の向きを表す矢印を描いたり波を動かしたりするのも，手を動かして初めてわかることですし，解く過程で生じる連立方程式や三角関数の計算なども，実際に手を動かさなければ正確にできるようになりません。

　とはいえ，「手を動かして解くことは非効率」と考える人もいるでしょう。

　たしかに，読むだけよりも時間がかかるのは事実です。

　そこで，問題演習を中心とした本書『物理のブリッジ』を書きました。私が日頃から受験生に勧めている「手を動かして，問題を解きながら学ぶ」を実現するための問題集です。

　この本は，ただ問題を並べるだけではなく，基礎と応用をペアで学べるようにしました。Basicで公式を学び，Advanceでその活かし方を学ぶことで，基礎の復習と入試の対策を同時に行うことができ，効率的に物理を学ぶことができます。

　アスリートが日々の練習を積み重ねて栄光を目指すように，受験生のみなさんも『物理のブリッジ』とともに努力を積み重ねれば，志望校への架橋を渡れるようになります。みなさんの合格を心から祈っております。

堀 輝一郎

# もくじ

## 力学

### UNIT 01 物体の運動

### UNIT 02 力と運動

### UNIT 03 仕事と力学的エネルギー

### UNIT 04 運動量と力積

# 本書の使い方

教科書や定期テストなどで見たことある問題が中心です。ここで基本を確認しましょう。

Basic の問題は，知識があれば解ける問題が中心です。覚えておくべき情報を欄にまとめました。

上記の「覚えよう」に書いてあることを用いている箇所は，アイコンで示されています。

## Theme 01 速さと $x$–$t$ 図 （$x$–$t$ グラフ）

**Basic**

問 図の実線は $x$ 軸上を運動する物体の位置 $x$〔m〕と時刻 $t$〔s〕の関係を表す $x$–$t$ 図である。破線は時刻 8.0 s におけるグラフの接線である。

0 s～8.0 s の間の平均の速さと，時刻 8.0 s における瞬間の速さを求めよ。

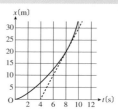

**覚えよう**

「平均の速さ」と「瞬間の速さ」の違いを理解しよう

■　$$平均の速さ = \frac{移動距離}{かかった時間}$$

「平均の速さ」は途中の速さによらず，移動距離をかかった時間で割ったものです。そのため $x$–$t$ 図では，グラフの形によらず，**2点を通る直線の傾き**が「平均の速さ」を示します。

■ 「瞬間の速さ」はその瞬間瞬間の速さです（自動車のスピードメーターが示す値など）。

■ $x$–$t$ 図において2点を通る直線の傾き：平均の速さ
　　$x$–$t$ 図における接線の傾き　　　　　：その時刻の瞬間の速さ

解説

0 s～8.0 s の間の平均の速さ $\bar{v}$〔m/s〕は

$$\bar{v} = \frac{20-0}{8.0-0} = \textbf{2.5 m/s}　答$$

$x$–$t$ 図で 覚 **「瞬間の速さ」はその時刻の接線の傾き**になります。

8.0 s における瞬間の速さ $v$〔m/s〕は

$$v = \frac{20-0}{8.0-4.0} = \textbf{5.0 m/s}　答$$

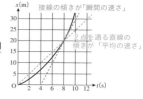

接線の傾きが「瞬間の速さ」

2点を通る直線の傾きが「平均の速さ」

10

本書は2問をセットで学ぶことをおすすめしていますが、「まず Basic だけすべて解く」「Advance を解けなかったときだけ Basic を解く」といった使い方も有効です。ご自身の目的に合わせて使ってください。

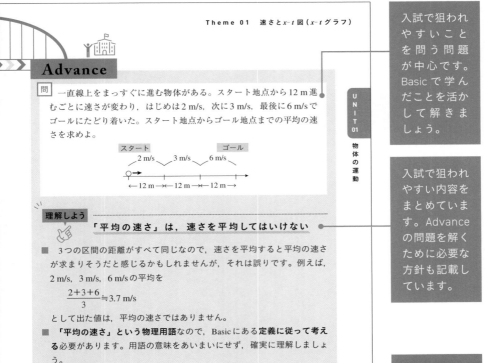

入試で狙われやすいことを問う問題が中心です。Basic で学んだことを活かして解きましょう。

入試で狙われやすい内容をまとめています。Advance の問題を解くために必要な方針も記載しています。

上記の「理解しよう」だけでなく、左ページの「覚えよう」に書いてあることを用いている箇所は、アイコンで示されています。

**Theme 01　速さと x–t 図（x–t グラフ）**

## Advance

問　一直線上をまっすぐに進む物体がある。スタート地点から 12 m 進むごとに速さが変わり，はじめは 2 m/s，次に 3 m/s，最後に 6 m/s でゴールにたどり着いた。スタート地点からゴール地点までの平均の速さを求めよ。

**UNIT 01　物体の運動**

**理解しよう**

**「平均の速さ」は，速さを平均してはいけない**

■　3つの区間の距離がすべて同じなので，速さを平均すると平均の速さが求まりそうだと感じるかもしれませんが，それは誤りです。例えば，2 m/s，3 m/s，6 m/s の平均を

$$\frac{2+3+6}{3} ≒ 3.7 \text{ m/s}$$

として出た値は，平均の速さではありません。
■　「平均の速さ」という物理用語なので，Basic にある定義に従って考える必要があります。用語の意味をあいまいにせず，確実に理解しましょう。

解説

　理「平均の速さ」は速さを平均してはいけないことに注意して，覚 **平均の速さ＝移動距離÷かかった時間** の定義を用いて計算します。
　各区間でかかった時間をそれぞれ $t_1$〔s〕，$t_2$〔s〕，$t_3$〔s〕とすると

$$t_1 = \frac{12}{2} = 6 \text{ s}, \quad t_2 = \frac{12}{3} = 4 \text{ s}, \quad t_3 = \frac{12}{6} = 2 \text{ s}$$

　よって，6＋4＋2＝12秒間で 12×3＝36 m 進んだので平均の速さ $\bar{v}$〔m/s〕は

$$\bar{v} = \frac{36}{12} = \textbf{3 m/s} \quad 答$$

11

# 物体の運動

# 速さと $x$-$t$ 図 （$x$-$t$ グラフ）

問　図の実線は $x$ 軸上を運動する物体の位置 $x$〔m〕と時刻 $t$〔s〕の関係を表す $x$-$t$ 図である。破線は時刻 8.0 s におけるグラフの接線である。

0 s～8.0 s の間の平均の速さと，時刻 8.0 s における瞬間の速さを求めよ。

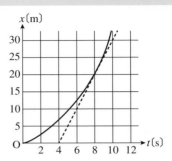

---

覚えよう

## 「平均の速さ」と「瞬間の速さ」の違いを理解しよう

■　$$\text{平均の速さ} = \frac{\text{移動距離}}{\text{かかった時間}}$$

「平均の速さ」は途中の速さによらず，移動距離をかかった時間で割ったものです。そのため $x$-$t$ 図では，グラフの形によらず，**2点を通る直線の傾きが「平均の速さ」**を示します。

■　「瞬間の速さ」はその瞬間瞬間の速さです（自動車のスピードメーターが示す値など）。

■　$x$-$t$ 図において2点を通る直線の傾き：平均の速さ
　　$x$-$t$ 図における接線の傾き　　　　　：その時刻の瞬間の速さ

---

解説

0 s～8.0 s の間の平均の速さ $\bar{v}$〔m/s〕は

$$\bar{v} = \frac{20-0}{8.0-0} = \textbf{2.5 m/s} \quad 答$$

$x$-$t$ 図で　覚　**「瞬間の速さ」はその時刻の接線の傾き**になります。

8.0 s における瞬間の速さ $v$〔m/s〕は

$$v = \frac{20-0}{8.0-4.0} = \textbf{5.0 m/s} \quad 答$$

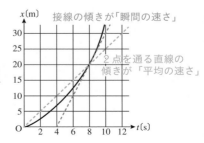

接線の傾きが「瞬間の速さ」

2点を通る直線の傾きが「平均の速さ」

## Advance

問 一直線上をまっすぐに進む物体がある。スタート地点から12 m進むごとに速さが変わり，はじめは2 m/s，次に3 m/s，最後に6 m/sでゴールにたどり着いた。スタート地点からゴール地点までの平均の速さを求めよ。

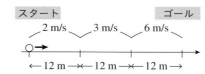

**理解しよう**

### 「平均の速さ」は，速さを平均してはいけない

■ 3つの区間の距離がすべて同じなので，速さを平均すると平均の速さが求まりそうだと感じるかもしれませんが，それは誤りです。例えば，2 m/s，3 m/s，6 m/sの平均を

$$\frac{2+3+6}{3} \fallingdotseq 3.7 \text{ m/s}$$

として出た値は，平均の速さではありません。

■ **「平均の速さ」という物理用語**なので，Basicにある**定義に従って考える**必要があります。用語の意味をあいまいにせず，確実に理解しましょう。

解説

理 **「平均の速さ」は速さを平均してはいけない**ことに注意して，覚 **平均の速さ＝移動距離÷かかった時間**の定義を用いて計算します。

各区間でかかった時間をそれぞれ$t_1$〔s〕，$t_2$〔s〕，$t_3$〔s〕とすると

$$t_1 = \frac{12}{2} = 6 \text{ s} \ , \ t_2 = \frac{12}{3} = 4 \text{ s} \ , \ t_3 = \frac{12}{6} = 2 \text{ s}$$

よって，6＋4＋2＝12秒間で12×3＝36 m進んだので平均の速さ$\bar{v}$〔m/s〕は

$$\bar{v} = \frac{36}{12} = \textbf{3 m/s} \quad 答$$

# 合成速度

## Basic

問 流水の速さが0.30 m/sのまっすぐな川を静水時の速さが0.40 m/sの船が進んでいる。下流に向かって進んでいるときと，上流に向かって進んでいるときについて，川岸から見た船の速さはそれぞれ何m/sか。

**覚えよう**

### 速さが一定なら平均の速さも瞬間の速さも同じ

■ 速さ（平均の速さ）：$v = \dfrac{x}{t}$

■ **速度：向き＋速さ**

一直線上の運動では，速度の向きを正負で表せます。

■ 合成速度：$v = v_1 + v_2$

「速度$v_1$で動くものの上（中）で，速度$v_2$で動くものの速度」を静止している人から見た速度を「合成速度」といい，合成速度を求めることを「速度の合成」といいます。

## 解説

船が川の下流や上流に向かって進むとき，

覚 **上流から下流へ向かう向きを正とする**と，川の流れ，下流に向かって進む船，上流に向かって進む船の速度はそれぞれ

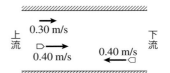

$v_{川} = +0.30$ m/s

$v_{船下} = +0.40$ m/s ●┐
　　　　　　　　　　　│ 静水時の船の速度
$v_{船上} = -0.40$ m/s ●┘

覚 **川岸から見た船の速度は，流水の速度と合成される**ので

川岸から見た川下に進む船の速度：　$v_{川下} = v_{川} + v_{船下} = 0.70$ m/s

川岸から見た川上に進む船の速度：　$v_{川上} = v_{川} + v_{船上} = -0.10$ m/s

覚 **求めるのは「速さ（速度の大きさ）」なので**，答えは正の値にします。

川下に進む船：**0.70 m/s**　答

川上に進む船：**0.10 m/s**　答

参考 川の流れのイメージがしにくい場合は，幅広い「動く歩道」と考えるとよいでしょう。

**Advance**

問　流水の速さが1.2 m/sで川幅が32 mのまっすぐな川に対して，静水時の速さが2.0 m/sの船を川岸に直角になる方向に進めたい。このとき，図のように対岸の方向に対して船首を向ける角度を$\theta$としたときの$\sin\theta$の値と，対岸に達するまでの時間を求めよ。

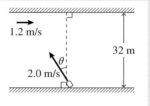

理解しよう

### 速度の矢印（ベクトル）は自由に動かせる

■　入試ではBasicのような一直線上（1次元）の動きから，Advanceのような平面（2次元）の動きを問うような流れで，よく出題されます。

■　また，**2次元の動きは矢印をかいて考える**必要があります。

## 解説

この問題のように川などの流水上を進む船の動きは， **速度の矢印（ベクトル）の和**になります。

理 **矢印は平行移動できる**ので，矢印の根元をそろえて，2本の矢印を2辺とする平行四辺形をかきます。この平行四辺形の対角線が，合成された速度，つまり実際に船が進む速度になります。この対角線が対岸の方向になるように，$\theta$を調整します（右図）。図より

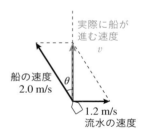

$$\sin\theta=\frac{1.2}{2.0}=0.60 \quad 答$$

実際に船が進む速さ$v$は，辺の長さが3：4：5の直角三角形であることを考えると

$$v=2.0\times\frac{4}{5}=1.6 \text{ m/s}$$

よって，対岸までの時間$t$〔s〕は　覚　$t=\dfrac{32}{1.6}=20 \text{ s}$　答

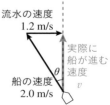

参考　右の図のように船の速度の矢印の先端に流水の速度の矢印の根元を動かす方法もあります。

## Basic

> 問  東向きに速さ 20 m/s で走っている電車を，西向きに速さ 15 m/s で走っている自動車に乗っている人から見たときの電車の速度はどちら向きに何 m/s か。

**覚えよう**

### 一直線上の速度は正の向きを求めて正負で表す

■  相対速度：$v_{AB} = v_B - v_A$

$v_{AB}$…Aから見た（Aに対する）Bの相対速度

$v_A$ …（地面から見た）Aの速度

$v_B$ …（地面から見た）Bの速度

※位置関係（Aが東側か，Bが東側か）とは無関係です。

**解説**

覚 **正の向きを東向き**とします。電車と自動車の速度はそれぞれ

電車
20 m/s  →正  自動車
15 m/s

西 ──────────────── 東

$v_電 = +20$ m/s

$v_自 = -15$ m/s

覚 **自動車から見た電車の相対速度** $v_{自電}$ は，  $v_{自電} = v_電 - v_自$

$+20 - (-15) = 35$ m/s

計算結果が正なので向きは東向きです。よって

**東向きに 35 m/s**  答

**参考**  相対速度の引き算の順番を逆にしてしまう人がいます。順序を覚えにくい場合，見る人の速度を 0 としてみましょう。

Aから見た B の相対速度はそのまま B の速度 $v_B$ になるはずです。ということは，$v_{AB} = v_B - v_A$ という順序だとわかります。引き算の順序が逆だとマイナスになってしまいます。

Theme02「合成速度」では速度は足し算，この Theme03「相対速度」では速度は引き算になります。どちらを考えるのかは問題文をよく読む必要がありますが，「○○から見た」「○○に対して」などの表現があれば「相対速度」です。

問 北西から南東に向かって一定の速さの風が吹いている。自転車に乗った人が10 m/sの速さで東向きに走ると，風が真北から吹いてくるように感じた。風速（地面に対する風の速度）は何m/sか。

理解しよう

**一直線上ではない相対速度はベクトルで考える**

■ 相対速度：$\vec{v}_{AB} = \vec{v}_B - \vec{v}_A$

■ 入試では相対速度も1次元の動きから2次元の動きへ進んでいく問題が頻出です。

**解説**

はじめに，この問題が「相対速度」に関する問題であることに気がつくことが大切です。「自転車に乗った人が……吹いてくるように感じた」という文章から，覚 **自転車に乗った人から見た風の相対速度**を考えている，と読み取ります。

理 **一直線上ではない相対速度はベクトルで考える**ので，速度の矢印をかきます。

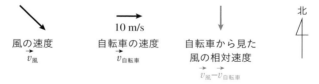

あとはベクトルの引き算に合うように，矢印の長さを考えます。「北西」というのは北と西に対してちょうど45°の方向ということなので，この3つの矢印で直角二等辺三角形ができます。

この図より，自転車の速さが10 m/sであるから，風速（風の速度）$v_{風}$は

$$v_{風} = 10 \times \sqrt{2} = 10 \times 1.41 = 14.1 \fallingdotseq \textbf{14 m/s} \quad 答$$

## $v$-$t$ 図 （$v$-$t$グラフ）

# Basic

問 　図は，エレベーターが上昇するときの速
度と時刻の関係を表した$v$-$t$図である。0 s
から10 s間の加速度と，0 sから35 s間に上
昇した高さを求めよ。

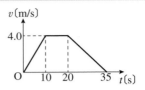

---

覚えよう

## 加 速 度 は 単 位 時 間 あ た り の 速 度 の 変 化

■ 　加速度：$a = \dfrac{v - v_0}{t}$

加速度に関する問題において，求めるのが「加速度」なのか「加速度の
大きさ」なのかに注意しましょう。「加速度の大きさ」を求めるのであ
れば，必ず正の値にします。一方で，求めるのが「加速度」であれば正
負どちらの可能性もあります。

■ 　この問題では，縦軸が「速さ」ではなく「速度」なので，すでに正負
を含んだ物理量を表しています。そこから計算した「加速度」も正負の
情報を含んだ物理量になっています。

■ 　$v$-$t$図（$v$-$t$グラフ）

**グラフの傾き：加速度$a$**
**グラフの面積：移動距離**

---

解説

覚 **加速度は$v$-$t$図の傾き**なので，0 sから10 sまでの加速度$a$〔m/s²〕は

$a = \dfrac{4.0}{10} = \textbf{0.40 m/s}^2$ 　答

覚 **上昇した高さ$h$（移動距離）は**
**$v$-$t$図の面積**（台形）より

$h = \dfrac{(10 + 35) \times 4.0}{2} = \textbf{90 m}$ 　答

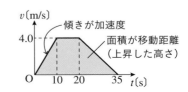

## Advance

問 図は*x*軸上を運動する物体について，*t*＝0〔s〕で*x*＝0〔m〕を出発したときの速度と時刻の関係を表した*v-t*図である。この物体が到達した*x*座標の最大値と，再び*x*＝0〔m〕に戻ってきたときの時刻を求めよ。

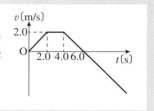

理解しよう ‥‥‥‥‥‥‥‥‥‥‥‥‥‥‥‥‥‥‥‥‥‥‥‥‥‥‥‥‥‥‥‥

### *v-t*図から物体の動きをイメージしよう

■ 横軸（*t*軸）より上の部分の面積は正の向きに進んだ距離，下の部分は負の向きに進んだ距離を表しています。

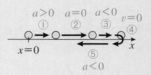

## 解説

理 **x座標が最大になるのは，v＝0 m/sとなるt＝6.0 sのとき**です。*x*＝0 mを出発しており，*t*＝6.0 sの*x*座標はそれまでの移動距離となります。

覚 **v-t図の面積を求める**と

$$x=\frac{(2.0+6.0)\times 2.0}{2}=\textbf{8.0 m} \quad 答$$

*x*＝0 mに戻ってくるとは，正の向きに移動した距離と負の向きに移動した距離が等しいということになります。求める時刻を*t*〔s〕とすると*t*＝4.0 s以降のグラフの傾きは−1。理 **負の向きに進んだ距離は直角二等辺三角形の面積となる**ので

$$8.0=\frac{(t-6.0)(t-6.0)}{2} \quad より \quad (t-6.0)^2=16 \quad t-6.0=\pm 4.0$$

*t*＞6.0 sなので **t＝10 s** 答

# 等加速度直線運動

## Basic

問 $x$軸上を等加速度で運動する物体がある。物体は時刻$t=0$ sに $x=0$ mを速度4.0 m/sで通過し，時刻$t=5.0$ sでは速度が$-6.0$ m/sであった。加速度を求めよ。

**覚えよう**

### 3つの公式は使えるように練習しよう

■ 等加速度直線運動

$v = v_0 + at$ …①

$x = v_0 t + \dfrac{1}{2}at^2$ …②

$v^2 - v_0^2 = 2ax$ …③

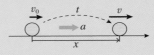

■ 3つの式のうちどの式を使うかについては，まず3つの式を分析することが大切です。$a$，$v_0$はどの式にも含まれており，ない文字から使う式を判断できます。

①式は$x$がない　②式は$v$がない　③式は$t$がない

解説

問題を図で表すと次の通り。

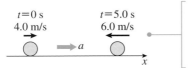

> 問題文で$t=5.0$ sの速度は$-6.0$ m/sとマイナスが付いていますが，通常はこのように正の値を書き，矢印で向きを表しましょう。

覚 **等加速度直線運動の式** $v = v_0 + at$ より

$-6.0 = 4.0 + a \times 5.0$

$a = \dfrac{-6.0 - 4.0}{5.0} = -2.0 \text{ m/s}^2$　答

**参考** この問題のように図がない場合は，図をかいてみましょう。
例えば，この問題でも$t=5.0$ sで物体がどこにあるのかわからないので，正確にはかけません（実際は$t=5.0$ sで物体の座標は負になります）。わからないときは，とりあえず正の位置（正の向き）にしておきましょう。

# Advance

問　$x$軸上を$-2.0$ m/s$^2$の等加速度で運動する物体がある。物体は時刻$t=0$ sに$x=0$ mを速度4.0 m/sで通過した。物体が到達する$x$座標の最大値と，$t=0$ sから$t=5.0$ sまでに物体が実際に動いた距離の総和を求めよ。

理解しよう

## 動いた距離をイメージするために図をかこう

■　$x$座標が最大のとき，速度$v=0$ m/s
■　$v$–$t$図（$v$–$t$グラフ）を使うことも考えてみます。

## 解説

物体は$t=0$ sで$x=0$ mを正の速度で通過しますが，加速度が負なので減速し，どこかで速度が0 m/sになります。理 **速度が0 m/sのとき$x$座標が最大**となります。その後も加速度は負なので，物体は負の向きに加速します。

$t=5.0$ s　　　　　　　$t=0$ s　2.0 m/s$^2$
　　　　　　　　　　　4.0 m/s　←　　$v=0$ m/s
←　　　　　　　　　⟵ - - - - - - ⟶
○　　　　　　　　○　- - - - - - - ○　→ $x$
$x_2$　　　　　　$x=0$ m　- - - - - - $x_1$
　　　　　　　　　　　　　2.0 m/s$^2$

$x$座標の最大値$x_1$は，覚 **等加速度直線運動の式　$v^2-v_0{}^2=2ax$**　より
　　$0^2-4.0^2=2\times(-2.0)\times x_1$　　より　　$x_1=$**4.0 m**　答
$t=5.0$ sの座標$x_2$は

覚 **等加速度直線運動の式　$x=v_0t+\dfrac{1}{2}at^2$**　より

　　$x_2=4.0\times5.0+\dfrac{1}{2}\times(-2.0)\times5.0^2=-5.0$ m

物体が実際に動いた距離は，まず正の向きに4.0 m進んで，次に負の向きに
4.0 m＋5.0 m＝9.0 m動いたことになります。
　　よって　4.0＋9.0＝**13 m**　答

別解　$v$–$t$図からも求めることができます（右図）。

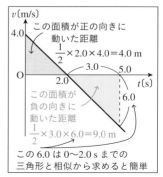

$v$〔m/s〕
この面積が正の向きに
動いた距離
$\dfrac{1}{2}\times2.0\times4.0=4.0$ m
4.0
　　　　3.0　　5.0
O　　2.0　　　　$t$〔s〕
　　　　　　　　6.0
この面積が
負の向きに
動いた距離
$\dfrac{1}{2}\times3.0\times6.0=9.0$ m

この6.0は0～2.0 sまでの
三角形と相似から求めると簡単

# 鉛直投げ上げ

**Basic**

問 地面からの高さが24.5 mのビルの屋上から，初速度 19.6 m/s で鉛直上方に小球を投げ上げた。小球が最高点に達するまでの時間と，最高点の地面からの高さを求めよ。重力加速度の大きさを9.80 m/s² とする。

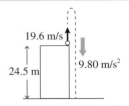

**覚えよう**

## 通常は初速度の向きを正にする

■ 等加速度直線運動の式

$$v = v_0 + at$$

$$x = v_0 t + \frac{1}{2}at^2$$

$$v^2 - v_0^2 = 2ax$$

■ 「自由落下」や「鉛直投射」で別に公式が書いてある場合もありますが，**覚えるのは「等加速度直線運動」の3つの公式だけで十分です。**

## 解説

鉛直投射で「最高点」が出てきたら，「Theme05 等加速度直線運動」の「$x$座標の最大値」と同様に速度 $v=0$ m/s を考えます。

鉛直上向きを正，最高点に達するまでの時間を $t$〔s〕として，覚 **等加速度直線運動の式 $v=v_0+at$** より

$$0 = 19.6 + (-9.80)t$$

よって $t = \dfrac{19.6}{9.80} = \mathbf{2.00\ s}$ 答

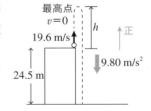

また，ビルの屋上から最高点までの高さを $h$〔m〕とすると，

覚 **等加速度直線運動の式 $v^2-v_0^2=2ax$** より

$$0^2 - 19.6^2 = 2 \times (-9.80) \times h \quad \text{より} \quad h = \frac{19.6 \times 19.6}{2 \times 9.80} = 19.6\ \text{m}$$

求めるのは地面からの高さなので 24.5 + 19.6 = **44.1 m** 答

# Advance

問 地面からの高さが24.5 mのビルの屋上から，初速度19.6 m/sで鉛直上方に小球を投げ上げた。小球が地面に落下するまでの時間と，地面に落下する直前の速さを求めよ。重力加速度の大きさを9.80 m/s$^2$とする。

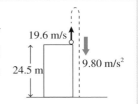

理解しよう

## 正の向きを逆にした別解も計算してみよう

■ 正の向きが鉛直上，下どちらでも答えが出せるようにしましょう。入試の問題によっては鉛直下向きを指定されるためです。

■ この問題はBasicの続きになります。鉛直投げ上げの場合，鉛直上向き（初速度の向き）を正の向きに取ることが多いのですが，その場合，**変位$x$が負になる**ことに注意しましょう。

## 解説

 理 **鉛直上向きを正**として，求める時間を$t$〔s〕，速度を$v$〔m/s〕とします。

覚 **等加速度直線運動の式** $x = v_0 t + \dfrac{1}{2}at^2$ より

$$-24.5 = 19.6t + \frac{1}{2} \times (-9.80) \times t^2$$

$$t^2 - 4t - 5 = 0$$

$$(t+1)(t-5) = 0$$

$t > 0$なので $t = $ **5.00 s** 答

覚 **等加速度直線運動の式** $v = v_0 + at$ より

$$v = 19.6 + (-9.80) \times 5.00 = -29.4 \text{ m/s}$$

求めるのは速さ（速度の大きさ）なので **29.4 m/s** 答

別解 鉛直下向きを正とすると立てる式はそれぞれ次のようになります。

$24.5 = -19.6t + \dfrac{1}{2} \times 9.80 \times t^2$ より $t = 5.00$ s

$v = -19.6 + 9.80 \times 5.00$ より $v =$ **29.4 m/s** 答

## Basic

問　地面からの高さが19.6 mのビルの屋上から，初速度19.6 m/sで水平方向に小球を投げ出したところ，小球は地面に衝突した。投げ出してから地面に衝突するまでの時間と，投げ出した点から着地点までの水平距離を求めよ。重力加速度の大きさを9.80 m/s²とする。

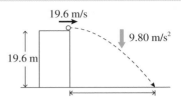

### 覚えよう

**水平方向の初速度があっても，鉛直方向の初速度は0**

■　**水平方向は等速度運動**

$x = vt$　（距離＝速さ×時間）

■　**鉛直方向は等加速度運動**

$$v = v_0 + at, \quad x = v_0 t + \frac{1}{2}at^2, \quad v^2 - v_0^2 = 2ax$$

## 解説

時間を求めるには，鉛直方向の運動を考えます。

覚　**鉛直方向は，初速度0 m/s，鉛直下向きに加速度9.80 m/s²の等加速度運動**をします。

等加速度直線運動の式$x = v_0 t + \frac{1}{2}at^2$より鉛直下向きを正，求める時間を$t$〔s〕とすると

$$19.6 = 0 + \frac{1}{2} \times 9.80 \times t^2 \quad より \quad t^2 = \frac{19.6 \times 2}{9.80} = 4.00$$

$t > 0$なので

$t = $ **2.00 s**　答

覚　**水平方向は速さ19.6 m/sの等速度運動なので**　$x = vt$より，求める距離を$x$とすると

$x = 19.6 \times 2.00 = $ **39.2 m**　答

# Advance

問　地面から $h$ の高さから，$v_0$ の速さで水平方向に小球を投げ出した。小球が地面に衝突する直前の速さと，小球の落下方向の地面に対する角度を $\theta$ として $\tan\theta$ の値を求めよ。重力加速度の大きさを $g$ とする。

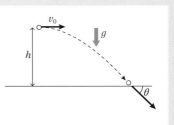

### 理解しよう

## $\tan\theta$ は速度を分解して考える

■　速度を水平方向，鉛直方向に分けて計算して，最後に斜め方向の「速さ」を求めます。

■　衝突する直前の速さだけを求めるなら，力学的エネルギー保存の法則を用いた方が簡単です。ただし**力学的エネルギー保存の法則は**，この問題の $\tan\theta$ を求めるような成分を考える場合や，**時間を含む計算をする必要がある場合には対応できない**ことに注意しましょう。

## 解説

地面に衝突する直前の速度を 理 **水平方向と鉛直方向に分解**して，それぞれ $v_1$，$v_2$ とします。

覚 **水平方向は等速度運動**なので　$v_1 = v_0$

覚 **鉛直方向は等加速度直線運動の式　$v^2 - v_0{}^2 = 2ax$** より

$$v_2{}^2 - 0^2 = 2gh$$
$$v_2 = \sqrt{2gh}$$

よって，地面に衝突する直前の 理 **速さ $V$ は三平方の定理**より

$$V = \sqrt{v_1{}^2 + v_2{}^2} = \sqrt{v_0{}^2 + 2gh}　\text{答}$$

また，$\tan\theta$ は

$$\tan\theta = \frac{v_2}{v_1}$$

$$= \frac{\sqrt{2gh}}{v_0}　\text{答}$$

質量を $m$ とすると力学的エネルギー保存の法則より

$$\frac{1}{2}mv_0{}^2 + mgh = \frac{1}{2}mV^2$$

となり，$V$ はすぐに計算できます。ただし，$\tan\theta$ はすぐには計算できません。

# Theme 08 斜方投射

**Basic**

> **問** 地面から水平方向と角度 $\theta$ をなす向きに，大きさ $v_0$ の初速度で小球を打ち出した。最高点に達するまでの時間と，落下地点までの距離を求めよ。重力加速度の大きさを $g$ とする。

### 覚えよう

## 最も遠くに飛ぶのは，$\theta = 45°$ と計算できる

■ 鉛直方向は等加速度運動　$v = v_0 + at$，$x = v_0 t + \dfrac{1}{2}at^2$，$v^2 - v_0^2 = 2ax$

　水平方向は等速度運動　$x = vt$　（距離＝速さ×時間）

■ 最高点では，**鉛直方向の速度0**であることは，覚えておきましょう。

■ **最高点の前後で対称的な運動**をします。

## 解説

　初速度 $v_0$ を鉛直方向と水平方向に分解します。

覚 **最高点では鉛直方向の速度が0**なので，求める時間を $t_1$，上向きを正とすると，

覚 **等加速度直線運動の式　$v = v_0 + at$** より

$$0 = v_0 \sin\theta + (-g)t_1$$

$$t_1 = \frac{v_0 \sin\theta}{g} \quad 答$$

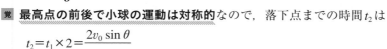

覚 **最高点の前後で小球の運動は対称的**なので，落下点までの時間 $t_2$ は

$$t_2 = t_1 \times 2 = \frac{2v_0 \sin\theta}{g}$$

覚 **水平方向は等速度運動**なので，落下地点までの距離を $l$ とすると

$$l = v_0 \cos\theta \times t_2 = \frac{2v_0^2 \sin\theta \cos\theta}{g} \quad 答$$

**参考** $l$ が最大になるのは

$$\sin 2\theta = 2\sin\theta\cos\theta \quad より \quad l = \frac{v_0^2 \sin 2\theta}{g}$$

なので，$\sin 2\theta = 1$ のとき，つまり，$2\theta = 90°$ より $\theta = 45°$ のときで，$l_{\max} = \dfrac{v_0^2}{g}$

# Advance

**問** 図のように小球を水平面から30°の角をな
す斜面の最下点から，斜面に対して30°の角
度，速さ$v_0$で打ち出した。このとき，斜面
と衝突するまでの時間$t$と最下点から衝突し
た位置までの長さ$l$を求めよ。重力加速度の
大きさを$g$とする。

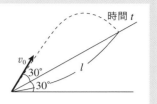

**理解しよう**

**落下地点までの距離の水平，鉛直成分を$l$で表す**

- まずは水平方向，鉛直方向に分けて考えましょう。
- 「$t$, $l$を順番に求める」だけではなく「$t$, $l$の連立方程式を解く」とい
う式の立て方も視野に入れましょう。

## 解説

衝突点までの距離の **理** **水平成分と鉛直成分を$l$を
用いて表します。また初速度$v_0$も成分に分けます。**

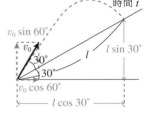

**覚** **水平方向は等速度運動なので $x=vt$ より**

$l \cos 30° = v_0 \cos 60° \times t$ …①

**覚** **鉛直方向は等加速度直線運動の式**

$x = v_0 t + \dfrac{1}{2}at^2$ **より**

$l \sin 30° = v_0 \sin 60° \times t + \dfrac{1}{2} \times (-g) \times t^2$ …②

①より $t = \dfrac{\sqrt{3}\,l}{v_0}$ …①′

①′を②に代入 $\dfrac{1}{2}l = \dfrac{\sqrt{3}}{2}v_0 \times \dfrac{\sqrt{3}\,l}{v_0} - \dfrac{g}{2}\left(\dfrac{\sqrt{3}\,l}{v_0}\right)^2$ より $l\left(2 - \dfrac{3gl}{v_0{}^2}\right) = 0$

$l \neq 0$ より $l = \dfrac{2v_0{}^2}{3g}$ **答**，これを①′に代入して $t = \dfrac{2\sqrt{3}\,v_0}{3g}$ **答**

# 自転車は難問になりやすい？

　高校生にとって身近な乗り物，そのひとつは自転車でしょう。この本の読者の中にも，自転車通学をしている人も多いはずです。これだけ身近な存在であれば入試で狙われても不思議ではない自転車ですが，実は自転車には物理的には複雑な現象が起こっていて，入試で出題されることはあまりありません。

　それでも九州大学は，この自転車のブレーキに関する物理現象に絞った問題を2019年に出してきました。ただ，ブレーキに関する現象に絞ったとはいえ，かなり複雑です。

　前輪と後輪どちらにブレーキをかけるか。また，ブレーキをかけると，ブレーキと車輪の間の摩擦力と，車輪と地面の間の摩擦力の2つを考える必要があります。問題の誘導はていねいにされていますが，かなりの思考力を必要とする問題でした。

　本書のTheme9，12，21などで学んだ，力のつり合いや摩擦力の考え方を活かして解ける問題です。

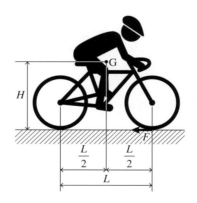

　日頃から身近な現象を物理的に考えるような習慣をつけておくと，入試問題を解くときにも役に立ちます。自転車に限らず，身近な乗りもののメカニズムを考えておくといいかもしれません。

# 力と運動

## Theme 09 力のつり合い 1

**Basic**

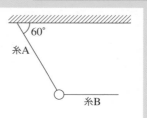

問 天井に一端を固定した軽い糸 A の他端に，重さ $W$ の小球をつけた。小球をもう 1 本の軽い糸 B で水平方向に引き，糸 A が天井と 60°の角をなす状態で静止させた。

このとき，糸 A と糸 B が小球を引く力の大きさ $T_A$，$T_B$ をそれぞれ求めよ。

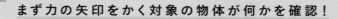

**覚えよう**

### まず力の矢印をかく対象の物体が何かを確認！

■ 力の矢印のかき方

重力をかく → 接触しているものから受ける力をかく

■ 「重さ」は重力の大きさ

質量を $m$，重力加速度の大きさを $g$ とすると，**重さ $W=mg$**

### 解説

問題文中に「静止させた」とあるので，「力のつり合いの式」を立てます。そのためにまず小球にはたらく力の矢印を覚 **はじめに，鉛直下向きに重力（大きさ $W$），次に接触している 2 本の糸から受ける力（大きさ $T_A$，$T_B$）の順にかきます。**

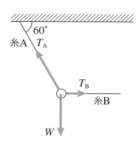

$T_A$ を水平方向と鉛直方向に分けて，それぞれ $\cos 60°$，$\sin 60°$ で表します。

力のつり合いより

水平方向（右向き正）：$T_B - T_A \cos 60° = 0$ …①

鉛直方向（上向き正）：$T_A \sin 60° - W = 0$ …②

②より $T_A = \dfrac{2}{\sqrt{3}} W$ 答

①に代入して

$$T_B = \frac{2}{\sqrt{3}} W \times \frac{1}{2} = \frac{1}{\sqrt{3}} W$$ 答

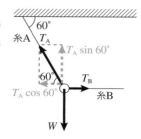

## Advance

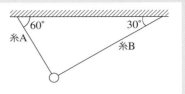

問　図のように天井の2点に一端を固定した2本の軽い糸A，糸Bの他端に重さWの小球をつるしたところ，天井とのなす角が60°と30°になって小球は静止した。

このとき，糸Aと糸Bが小球を引く力の大きさ$T_A$，$T_B$をそれぞれ求めよ。

理解しよう

### 力の分解でも解けるが，力の合成も考えよう

■　一般に，**力を分解することでほとんどの入試問題は解けます**。しかし，力の合成を考えることで簡単に解ける問題や，力の合成を考えざるを得ない誘導がついた問題もあるので，どちらもできるようにしましょう。

## 解説

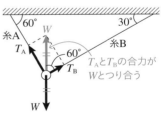

まず　覚 **力の矢印をかき**　理 **合力を考える**と，3つの力がつり合っているので，$T_A$と$T_B$の合力がWとつり合います。図の色を付けた部分の三角形の辺の長さの関係から

$$T_A = W \sin 60° = \frac{\sqrt{3}}{2}W \quad 答$$

$$T_B = W \cos 60° = \frac{1}{2}W \quad 答$$

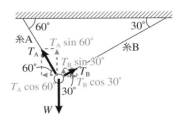

参考　力の分解で解くときは，$T_A$，$T_B$を分解して，水平方向と鉛直方向の力のつり合いの式を立てます。
水平方向（右向き正）
　$T_B \cos 30° - T_A \cos 60° = 0$
鉛直方向（上向き正）
　$T_A \sin 60° + T_B \sin 30° - W = 0$
この2つの式を連立させて解くことで求めることができます。

## 力のつり合い2

問 なめらかに回転する定滑車を用いて，質量60 kgの板に乗った質量60 kgの自分を床から持ち上げたい。図のように鉛直下向きにロープを引くとき，引く力が何Nより大きくなると，持ち上げることができるか。ただし，板は水平を保っており，滑車およびロープの質量は無視できるものとする。また，重力加速度の大きさを9.8 m/s²とする。

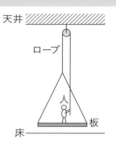

天井
ロープ
人
板
床

**覚えよう**

### 2つの物体間の作用・反作用の関係を考えよう

■ 次のように**2つの物体間**に大きさが同じで向きが逆の力がはたらくことを作用・反作用の法則といいます。

**AがBを押す（引く）力** ⇔ **BがAを押す（引く）力**

（Bにはたらく力）　　　　　　（Aにはたらく力）

**解説**

人がロープを引く力の大きさを$F$として，問題文中に「静止させた」とあるので，「力のつり合いの式」を立てます。覚 **人にはたらく力の矢印と，板にはたらく力の矢印をそれぞれかきます。**

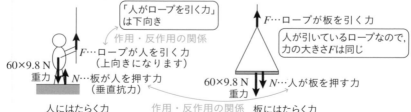

「人がロープを引く力」は下向き
作用・反作用の関係
$F$…ロープが人を引く力（上向きになります）
60×9.8 N
重力
$N$…板が人を押す力（垂直抗力）
人にはたらく力

$F$…ロープが板を引く力
人が引いているロープなので，力の大きさ$F$は同じ
60×9.8 N
重力
$N$…人が板を押す力
作用・反作用の関係
板にはたらく力

上向きを正として，力のつり合いより

人：$F+N-60×9.8=0$　…①　　　　板：$F-N-60×9.8=0$　…②

①，②より$N$を消去して　$F=\dfrac{120×9.8}{2}=60×9.8=588≒\mathbf{5.9×10^2\,N}$　**答**

# Advance

問 なめらかに回転する定滑車と動滑車を組み合わせた装置を用いて、質量50 kgの荷物を、質量10 kgの板にのせて床から持ち上げたい。Basicと同じ設定で質量60 kgの人が持ち上げるには、何Nの大きさの力が必要か。ただし、動滑車をつるしているロープは常に鉛直方向に張っているものとする。

## 力の矢印をしっかりとかいて計算することが大切

自分も含めて持ち上げるときには、Basicの結果の通り定滑車でも半分の力で持ち上がります。これは**ロープを引くことで人にはたらく垂直抗力が減少するため**です。動滑車を入れるとさらに半分の力で持ち上がりそうですが、実際はAdvanceの結果の通り全体の $\frac{1}{3}$ の力で持ち上がります。

## 解説

荷物の質量と板の質量を合わせて、50 kg＋10 kg＝60 kgと考えます（Basicと同じ設定）。人がロープを引く力の大きさを $F$ とすると、理 **動滑車の左右に $F$ がはたらく**ことになります。

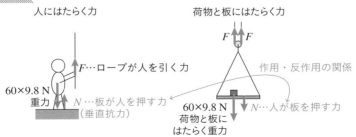

上向きを正として、力のつり合いより

人：$F+N-60\times9.8=0$ …①　荷物と板：$2F-N-60\times9.8=0$ …②

①、②より $N$ を消去すると　$F=\dfrac{120\times9.8}{3}=392≒\mathbf{3.9\times10^2\,N}$　答

31

## フックの法則

問 図1のようにばね定数$k$の軽いばねの一端を壁に固定した。ばねを水平に保って他端に糸1を介して質量$m$のおもりを接続したところ，ばねの伸びは$d_1$となった。次に，図2のように両端に糸1，糸2を介して，同じ質量$m$のおもりを接続した場合，ばねの伸びは$d_2$となった。$d_1$，$d_2$を求めよ。重力加速度の大きさを$g$とする。

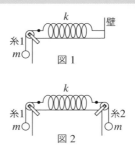

覚えよう

## ばねは片側にだけ力を加えても伸び縮みしない

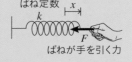

■ フックの法則：$F=kx$

**解説**

まず力の矢印をかきます。

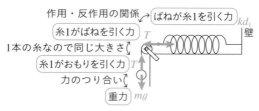

おもりにはたらく力のつり合いと，糸1とばねの間にはたらく力の作用・反作用の関係より

覚 $kd_1=mg$ よって $d_1=\dfrac{mg}{k}$ 答

糸1がばねを引く力はどちら側も同じなので，図1と同様に考えると

$d_2=\dfrac{mg}{k}$ 答

参考 問題の図2のように両端におもりを付けた場合は，両側から引かれるので，ばねの伸びは大きくなりそうですが，そもそもばねは両側から引かないと伸びません。問題の図1の場合も壁がばねを引いていて，この壁と同じ役割を図2では，糸2がしています。

# Advance

問 図のように天井から，ばね定数が$k_1$の軽いばね1，ばね定数が$k_2$の軽いばね2，おもりを接続する。この2本のばねを1本のばねと考えたときのばね定数（合成ばね定数）$k$を求めよ。ただし，ばね1，2の伸びをそれぞれ$d_1$，$d_2$，おもりにはたらく重力の大きさを$W$，おもりがばね2を引く力の大きさを$F$とする。

 理解しよう

## 力のつり合い，作用・反作用の関係を確実に使おう

■ ばね1，ばね2，おもりにはたらく力の矢印をかきます。左右にずらすと，**力のつり合い**，**作用・反作用の関係**がわかりやすいです。

## 解説

ばね1，ばね2，おもりにはたらく力の矢印をかきます。

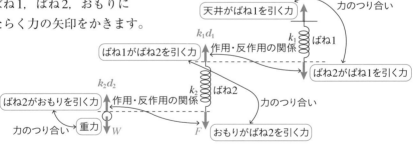

理 **おもりにはたらく力のつり合い**：$W = k_2 d_2$ …①
**作用・反作用の関係** ：$k_2 d_2 = F$ …②
**ばね2にはたらく力のつり合い**：$F = k_1 d_1$ …③

1本のばねだと考えると，ばねの伸びは$d_1 + d_2$となるのでおもりにはたらく力のつり合いより

$$W = k(d_1 + d_2) \quad …④$$

①～④より$W$，$F$，$d_1$，$d_2$を消去すると

$$k = \frac{k_1 k_2}{k_1 + k_2} \quad 答$$

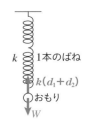

## 摩擦力 1

**Basic**

> 問 図のようにあらい水平面上に質量 $m$ の物体
> を置き，軽い糸を付けて引いた。糸の張力の
> 大きさが $T_0$ を越えたときに物体は動き出し
>
>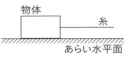
> 物体 　　　　糸
> あらい水平面
>
> た。そのまま物体を引き続けると，物体は等速直線運動を続け，糸の
> 張力の大きさは $T_1$ であった。$T_0$ と $T_1$ を求めよ。ただし，静止摩擦係
> 数を $\mu$，動摩擦係数を $\mu'$，重力加速度の大きさを $g$ とする。

**覚えよう**

### 最大摩擦力，動摩擦力は垂直抗力に比例する

- 最大摩擦力：$F_0 = \mu N$ 　$\mu$…静止摩擦係数　$N$…垂直抗力
- 動摩擦力　：$F' = \mu' N$ 　$\mu'$…動摩擦係数　$N$…垂直抗力
- 「○○を越えたときに物体は動き出した」という表現があれば，「○○
  のとき，物体には**最大摩擦力がはたらいていて**，まだ静止しているので
  **力がつり合っている**」と考えます。
- また，物体が等速直線運動をしているとき，物体にはたらく力はつり
  合っています。

## 解説

　垂直抗力の大きさを $N$ として力のつり合いの式
を立てると

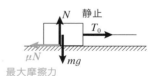
$N$ 　静止
$T_0$
$\mu N$
$mg$
最大摩擦力

　　　鉛直方向：$N = mg$

　　　水平方向：$T_0 = \mu N$

　これらより　$T_0 = \mu mg$　答

　静止のときだけではなく，覚 **等速直線運動のとき
も力はつり合っている**ので，最大摩擦力のときと同
様に力のつり合いの式を立てると

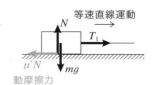
等速直線運動
$N$
$T_1$
$\mu' N$
$mg$
動摩擦力

　　　鉛直方向：$N = mg$

　　　水平方向：$T_1 = \mu' N$

　これらより　$T_1 = \mu' mg$　答

# Advance

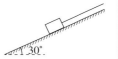

問　図のように水平面とのなす角30°に固定された
あらい斜面上にある重さ8.0 Nの物体を，斜面に
沿って上向きに3.0 Nの力で引いた。このとき物
体は静止したままであった。物体にはたらく摩
擦力の大きさを求めよ。

理解しよう

## 静止摩擦力に「公式はない」ことが大切

■　静止摩擦力を求めるときは，一般に**適当な文字（例えば，Fなど）で
おいて**，力のつり合いの式を立てます。

■　「物体は静止したまま」なので，物体には静止摩擦力がはたらいてい
る前提で，物体にはたらく力の矢印をかきます。静止摩擦力の向きが不
明ですが，重力を斜面に平行な方向と垂直な方向に分けて静止摩擦力以
外の力の大小関係を調べてから，向きを考えましょう。

**解説**

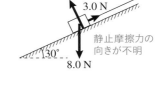

物体にはたらく力の矢印をかきます。重力を斜
面に平行な方向と垂直な方向に分けると，重力の
斜面下向きの成分は

$8.0 \sin 30° = 4.0$ N

これは，斜面上向きに引く力3.0 Nよりも大き
いので，力がつり合っていることを考えると，静
止摩擦力は斜面上向きとわかります。

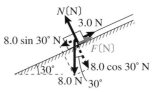

理　**静止摩擦力の大きさをF〔N〕として，力のつ
り合いの式を立てる**と（斜面上向きを正とする）

$3.0 + N - 4.0 = 0$

よって　$N = 4.0 - 3.0 = \textbf{1.0 N}$　答

**参考**　静止摩擦力には公式がないことに注意しましょう。覚　**最大摩擦力 $F_0 = \mu N$ の $\mu$ が「静止
摩擦係数」**という名前のせいか，入試でも静止摩擦力を求めるときに，最大摩擦力の
公式を誤って使ってしまう人が多いようです。

摩 擦 力 2

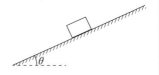

問 図のように水平面とのなす角 $\theta$ のあらい斜面に物体を置いたとき，物体が動き出さないための静止摩擦係数 $\mu$ の範囲を求めよ。ただし，物体が斜面に対して傾くことはないものとする。

覚えよう

## はじめに静止摩擦力を求めよう

■ **すべらない条件**

**静止摩擦力≦最大摩擦力**

最大の静止摩擦力が最大摩擦力なので，この条件はあたりまえの不等式なのですが，活用できない人が多いので要注意です。

## 解説

すべらない条件を求めるときは，覚 **静止摩擦力≦最大摩擦力** の関係を使います。この関係を使うために，静止摩擦力を求めます。

物体の質量を $m$，重力加速度の大きさを $g$，静止摩擦力の大きさを $F$，垂直抗力の大きさを $N$ とします。重力を分解して力のつり合いの式を立てます。

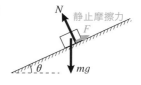

斜面に平行な方向：$F - mg \sin \theta = 0$ 　…①
斜面に垂直な方向：$N - mg \cos \theta = 0$ 　…②

①より静止摩擦力の大きさは $mg \sin \theta$ となります。最大摩擦力 $F_0$ は，②を代入して $F_0 = \mu N = \mu mg \cos \theta$ と表せます。覚 **静止摩擦力≦最大摩擦力** の関係より

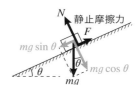

$$mg \sin \theta \leq \mu mg \cos \theta$$

$$\mu \geq \frac{\sin \theta}{\cos \theta}$$

$$\mu \geq \tan \theta \quad 答$$

参考 すべらない条件とは逆に，物体がすべり出すための条件は不等号の向きを逆にして「静止摩擦力＞最大摩擦力」となります。

# Advance

問 図のようにあらい水平面上に，質量 $m$ の物体を置き，水平方向に対して $\theta$ の向きに大きさ $F$ の力を加える。物体が動き出さないための $F$ の範囲を求めよ。

ただし，物体と水平面との間の静止摩擦係数を $\mu$，重力加速度の大きさを $g$ とし，物体が傾くことはないものとする。

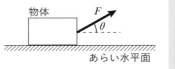

物体
$F$
$\theta$
あらい水平面

### 理解しよう

力 が 斜 め に は た ら い て い る と き の，摩 擦 力 に 注 意

■ **斜めに力が加わっている問題**では，入試でも正答率が極端に低いです。垂直抗力を $mg$ として，最大摩擦力を $\mu mg$ と間違える人が多いためです。物体を引く力 $F$ の鉛直成分があるために，垂直抗力は $mg$ ではないことに注意しながら，力のつり合いの式を立てましょう。

## 解説

理 **静止摩擦力の大きさを** $f$，垂直抗力の大きさを $N$ として図をかくと，右のようになります。

力のつり合いより

水平方向：$F \cos\theta - f = 0$　　　…①

鉛直方向：$N - mg + F \sin\theta = 0$　…②

すべらない条件 覚 **静止摩擦力 ≦ 最大摩擦力** の関係より

$$f \leqq \mu N$$

$$F \cos\theta \leqq \mu(mg - F \sin\theta)$$

$$F(\cos\theta + \mu\sin\theta) \leqq \mu mg$$

$$F \leqq \frac{\mu mg}{\cos\theta + \mu\sin\theta} \quad \text{答}$$

$N$　$F\sin\theta$　$F$
$\theta$
$F\cos\theta$
$f$
静止摩擦力
$mg$

# 運動方程式 1

問 なめらかな水平面上に質量$M$の物体Aと質量$m$の物体Bが接触させて置かれている。Aを水平方向右向きに大きさ$F$の力で押すと，A，Bは接触したまま右向きに動き出す。このときのA，Bの加速度の大きさ$a$を求めよ。

**覚えよう**

## 加速度を求めるだけなら1つの物体と考える

■ 運動方程式

$$m\vec{a} = \vec{F}$$

■ この運動方程式 $m\vec{a} = \vec{F}$ は，次の2つを表しています。

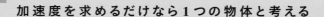

① 大きさの関係 ： $ma = F$

② 向きの関係 ： **加速度$a$と合力$F$の向きが同じ**

つまり，大きさの関係だけではなく，「合力の向きに加速度をもつ」ということも表すために，ベクトルで表現しています。

## 解説

物体AとBは接触したまま一体となって運動するので，2つの物体の加速度は同じで，覚 **加速度の向きは合力の向き**，つまり図の右向きになります。

物体には鉛直方向にも重力と垂直抗力がはたらいていますが，この問題では必要がないので，それらの力の矢印をかいていません。

覚 **2つの物体を一体として運動方程式を立てると，$(M+m) \times a = F$**

よって

$$a = \frac{F}{M+m} \quad 答$$

## Advance

問 Basicと同様の状況のとき，物体A が物体Bを押す力の大きさRを求め よ。

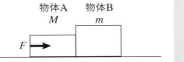

理解しよう

### 物体ごとにそれぞれ運動方程式を立てる

■ 物体Aと物体Bは一体となって動いていますが，問題の「物体Aが物体Bを押す力」は，Basicのように2つの物体を1つの物体と考えていては求められません。この誤解は入試でもよく狙われます。**物体ごとに運動方程式を立てましょう。**

## 解説

まず，水平方向の力の矢印をすべてかきます。

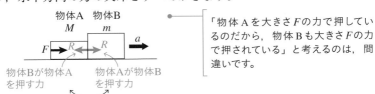

> 「物体Aを大きさFの力で押しているのだから，物体Bも大きさFの力で押されている」と考えるのは，間違いです。

加速度を図の右向きにaとして， 理 **物体ごとに運動方程式を立てると**

物体A： $Ma = F - R$ …①

物体B： $ma = R$ …②

> Basicでやったように，先に加速度aを求めていれば，物体Bの運動方程式②とaだけで，Rを求めることができます。Basicで求めたaを②に代入して
> $$m \times \frac{F}{M+m} = R \quad より \quad R = \frac{m}{M+m}F$$

②より $a = \dfrac{R}{m}$

①に代入して $M \times \dfrac{R}{m} = F - R$

$$\left(\frac{M}{m} + 1\right)R = F$$

$$R = \frac{m}{M+m}F \quad 答$$

# 運動方程式 2

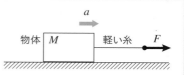

**問** 図のように水平であらい床上に軽い糸を付けた質量$M$の物体を置き，糸の先端を大きさ$F$の力で右向きに引いたところ，物体は等加速度直線運動をした。このときの加速度の大きさ$a$を求めよ。ただし，床と物体の間の動摩擦係数を$\mu'$，重力加速度の大きさを$g$として，物体は床に対して傾かないものとする。

**覚えよう**

## 軽い糸なら，糸の両端の張力は等しい

- 運動方程式：$m\vec{a}=\vec{F}$
- 動摩擦力　：$F'=\mu'N$
- 「**軽い糸**」と問題文中にあるときは，**質量が無視できます**。

## 解説

**覚** **質量が無視できる軽い糸なので，物体にはたらく糸の張力の大きさは，糸を引く力の大きさ$F$と同じ**になります。

垂直抗力の大きさを$N$とすると

鉛直方向の力のつり合い：　　$N-Mg=0$　　　…①

**覚** **水平方向の運動方程式　：　$Ma=F-\mu'N$**　…②

①を②に代入して$N$を消去すると

$$Ma=F-\mu' \times Mg$$

$$a=\frac{F-\mu'Mg}{M} \quad 答$$

**参考** 通常はこの問題のような設定の場合，糸の張力を考えずに，物体を大きさ$F$の力で直接引いていると考えてよいです。ただし，Advanceの問題のように，糸（ロープ）の質量を無視できない場合は，糸を分けて考える必要があります。

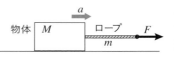

問　図のようになめらかな床上に質量$m$のロープを付けた質量$M$の物体を置き，ロープの先端を大きさ$F$の力で右向きに引いたところ，物体は等加速度直線運動をした。このとき，ロープが物体を引く力の大きさ$f$を求めよ。

理解しよう

## 物体とロープにそれぞれ運動方程式を立てる

■　入試では，質量のある糸（ロープ・綱など）を考えることがあります。この場合，**糸の両端の張力が異なる**点に，注意が必要です。糸の運動方程式を立てて張力を求めましょう。

■　物体とロープを分けてかくと，力がどちらにはたらいているのかが，わかりやすくなります。

## 解説

　求めるのは「ロープが物体を引く力」ですが，その反作用「物体がロープを引く力」がロープにはたらきます。

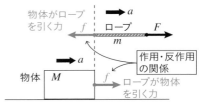

理　**物体とロープの加速度をどちらも右向きに$a$として，それぞれに運動方程式を立てる**と

物　体：　$Ma = f$　　…①

ロープ：　$ma = F - f$　　…②

①，②より$a$を消去すると

$$m \times \frac{f}{M} = F - f$$

$$\left(\frac{m}{M} + 1\right)f = F$$

$$f = \frac{M}{M+m}F \quad 答$$

> ロープの両端の張力$F$と$f$は異なることがわかります。
> また，Basicのようにロープの質量が無視（$m=0$）できれば，$f=F$となります。

# 運動方程式 3

| 問 | 図のように天井に固定した軽い定滑車に，質量が $M$ の小球Aと質量が $m$（$M > m$）の小球Bを軽い糸でつないでつるす。2つの小球が等加速度で運動しているときの加速度の大きさ $a$ を求めよ。ただし，重力加速度の大きさを $g$ とする。 |

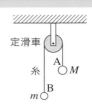

定滑車

糸

A ○ $M$

B
$m$ ○

### 覚えよう

## 正の向きは式ごとに違ってよい

■ 運動方程式　$m\vec{a} = \vec{F}$

■ この問題の小球のように，複数の物体が1本の糸などでつながっているとき，加速度の大きさが同じことに注意します。なお，正の向きは物体ごとに，または立てる式ごとに変えても構いません。

## 解説

　2つの小球の質量は $M > m$ なので，小球Aは鉛直下向きに，小球Bは鉛直上向きに等加速度直線運動をします。このとき，小球が糸から受ける張力の大きさは，同じなので $T$ とします。また，2つの小球は一本の糸でつながっているので，加速度の大きさは同じです。

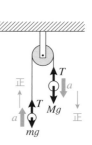

正

$T$

$a$

正

$a$

$T$　$Mg$

正

$mg$

【覚】**小球Aは鉛直下向きを正，小球Bは鉛直上向きを正として運動方程式を立てます。**

小球A：　$Ma = Mg - T$　…①

小球B：　$ma = T - mg$　…②

①＋②より，$T$ を消去して

$(M + m)a = (M - m)g$

$$a = \frac{M - m}{M + m}g \quad 答$$

> 正の向きは式ごとに違って構いません。運動の向きを正にしておくと，符号でのミスを減らせます。

# Advance

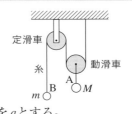

問　軽い定滑車と動滑車，質量が$M$の小球Aと質量が$m$（$M>2m$）の小球B，軽い糸を図のように接続したところ，小球Aは鉛直下向きに，小球Bは鉛直上向きにそれぞれ等加速度で運動した。このときの小球Aの加速度の大きさ$a$を求めよ。ただし，重力加速度の大きさを$g$とする。

**理解しよう**

### 動滑車があるのでBの加速度の大きさはAの2倍

■　入試では動滑車も登場します。動滑車には左右に糸の張力が加わり，また，図の**小球Bの運動は，小球Aと比較して移動距離，速さ，加速度の大きさが2倍**になります。

■　動滑車と小球Aを一体として考えます。小球Aが$d$だけ下がったとすると，動滑車を支えている糸の右側，左側とも$d$だけ下がることになるので，この糸とつながっている小球Bは$2d$上がります。小球Bは小球Aに対して，同じ時間で2倍の距離動くので，速さも2倍です。さらに，同じ時間で2倍速度が変化することになるので，加速度の大きさも2倍になります。

## 解説

糸の張力の大きさを$T$として，小球A（＋動滑車）と小球Bの　運動方程式をそれぞれ加速度の向きを正として立てると

小球A：　$Ma=Mg-2T$　…①

小球B（加速度は2倍）：　$m\times2a=T-mg$　…②

①，②より$T$を消去して整理すると

$$a=\frac{M-2m}{M+4m}g$$　答

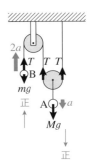

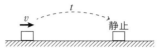

問 図のようにあらい水平面上にある物体に速度 $v$ を与えたところ，徐々に減速し時間 $t$ 後に静止した。すべり出してから静止するまでの時間 $t$ を求めよ。ただし，水平面と物体の間の動摩擦係数を $\mu'$，重力加速度の大きさを $g$ とする。

---

**覚えよう**

## 未 知 の 物 理 量 は 正 の 向 き に 取 る

■ 運動方程式：$m\vec{a}=\vec{F}$

■ 動摩擦力 ：$F'=\mu'N$

■ 等加速度直線運動の式：$v=v_0+at$ ， $x=v_0t+\dfrac{1}{2}at^2$ ， $v^2-v_0^2=2ax$

■ 本文では次のような流れで時間 $t$ を求めます。

運動方程式を → 加速度を → 等加速度直線運動の式を
立てる 　　　　求める 　　用いて時間を求める

---

## 解説

物体は右向きに動くので，右向きを正とします。減速するので加速度は図の左向きですが，覚 **未知の物理量は正の向きに取ります**。物体の質量を $m$，加速度を右向きに $a$，垂直抗力の大きさを $N$ とすると

鉛直方向の力のつり合い　$N-mg=0$　…①

覚 **水平方向の運動方程式**　$ma=-\mu'N$ …②

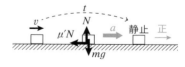

①，②より

$$a=-\mu'g$$

また，覚 **等加速度直線運動の式**　$v=v_0+at$　より，速度が0になるまでの時間が $t$ なので

$$0=v-\mu'gt$$

$$t=\frac{v}{\mu'g} \quad 答$$

# Advance

問 水平面とのなす角 $\theta$ のあらい斜面上に物体を静かに置いたところ，物体はすべり出した。すべり始めてから時間 $t$ までの間の移動距離 $d$ を求めよ。ただし，物体と斜面との間の動摩擦係数を $\mu'$，重力加速度の大きさを $g$ とする。

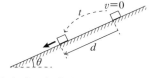

U N I T
02

力と運動

 理解しよう ‥‥‥‥‥‥‥‥‥‥‥‥‥‥‥‥‥‥‥‥‥‥‥‥‥‥‥‥‥‥‥‥

## 静かに置いてすべり出したら，加速を続ける

■ 入試では，斜面の問題がよく出題されます。特に，摩擦がある斜面において，物体は減速して止まるイメージがあるかもしれませんが，**静止の状態からすべり出したのであれば，加速を続けます。**

## 解説

物体の質量を $m$，垂直抗力の大きさを $N$ として，すべっている途中の物体にはたらく力をかきます。

物体が静止の状態からすべり出したということは，最大摩擦力よりも重力の斜面下方向成分が大きいということです。一般に最大摩擦力よりも動摩擦力のほうが小さいので，理 **物体は斜面を等加速度ですべりおります。**

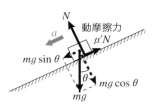

斜面下向きの加速度を $a$ として

斜面に垂直な方向の力のつり合い　$N - mg\cos\theta = 0$　…①

覚 **斜面方向の運動方程式**　　$ma = mg\sin\theta - \mu'N$　　…②

①，②より $N$ を消去して

$$ma = mg\sin\theta - \mu'mg\cos\theta$$
$$a = g(\sin\theta - \mu'\cos\theta)$$

覚 **等加速度直線運動の式**　$x = v_0 t + \dfrac{1}{2}at^2$　**より**

$$d = 0 + \frac{1}{2}g(\sin\theta - \mu'\cos\theta)t^2 = \frac{1}{2}g(\sin\theta - \mu'\cos\theta)t^2 \quad 答$$

問　なめらかな水平面上で静止
しているあらい上面を持つ質
量 $M$ の台 B に，質量 $m$ の小物
体 A が速度 $v_0$ で乗り B 上を進み，B も動き出した。A が B 上をすべっ
ているとき，A，B の加速度 $a_A$，$a_B$ をそれぞれ求めよ。ただし，A と
B の間の動摩擦係数を $\mu'$，重力加速度の大きさを $g$，速度，加速度は
図の右向きを正とする。

覚えよう

## 摩擦力にも作用・反作用の関係がある

■　**運動方程式**：$m\vec{a} = \vec{F}$
■　動摩擦力　：$F' = \mu' N$

## 解説

　2 つの物体が接している場合は，作用・反作用の関係を意識して力の矢印を
かきましょう。

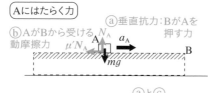

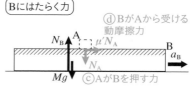

ⓐとⓒ
ⓑとⓓ　それぞれ作用・反作用の関係

水平方向の 覚 **運動方程式**

　　A：$ma_A = -\mu' N_A$　…①
　　B：$Ma_B = \mu' N_A$　　…②

鉛直方向の力のつり合い

　　A：$N_A = mg$　…③

③を①，②に代入して

　　$a_A = -\mu' g$,　$a_B = \dfrac{\mu' m}{M} g$　答

A，B にはたらく力をかくときに，
図を分けてかくのがポイントです。
「A にはたらく力」，「B にはたらく力」
を意識して分けてかきましょう。

# Advance

問　Basicの状況の後，小物体A
は台Bに対して静止し，Aと
Bの水平面に対する速度はと
もに$V$となった。この速度$V$を求めよ。

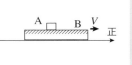

理解しよう

**2 つ の 物 体 が 一 体 と なって 運 動 す る 場 合 ，運 動 量
保 存 の 法 則 も 使 え る**

■　Basicで加速度を求めているので，この問題は等加速度直線運動の式
を使えば解けます。加速度が求まっていない状況でこの問題が出題され
ていたら，**運動量保存の法則**を使ったほうが簡単です。

## 解説

台Bが動き出してから，速度が$V$になるまでの時間を$t$とします。Basicで求
めた加速度を用いて，理 **等加速度直線運動の式** より

小物体A：　$V = v_0 + (-\mu' g)\, t$　…①

台B：　$V = 0 + \dfrac{\mu' m}{M} g t$　…②

①，②より$t$を消去して

$$V = v_0 - \mu' g \times \dfrac{MV}{\mu' m g}$$

$$\left(1 + \dfrac{M}{m}\right) V = v_0 \quad \text{より} \quad V = \dfrac{m}{m+M}\, v_0 \quad \text{答}$$

参考　運動量保存の法則についてはTheme34で扱いますが，この問題のように2つの物体が
一体となって運動する場合，運動量保存の法則が成立します。

$$m v_0 = m V + M V \quad \text{より} \quad V = \dfrac{m}{m+M}\, v_0$$

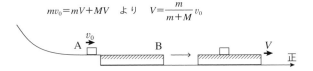

**Basic**

問　水深 10 m における圧力 $p$〔Pa〕を求めよ。大気圧を $1.0×10^5$ Pa，水の密度を $1.0×10^3$ kg/m³，重力加速度の大きさを $9.8$ m/s² とする。

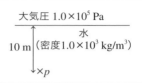

**覚えよう**

## 2 通りある「水圧」の意味を判断しよう

■　深さ $h$ の点における水だけによる圧力

$$p=\rho hg$$

■　深さ $h$ の点における圧力

（単に「圧力」のときは大気圧も含みます）

$$p=p_0+\rho hg$$

■　「水圧」という言葉について，「深さ $h$ の点における水だけによる圧力」と「深さ $h$ の点における圧力」のどちらの意味なのか，明確な定義はありません。そのため問題文における「水圧」が何を意味しているのかを，しっかりと判断する必要があります。

■　液体中の物体が受ける圧力

・深いほど圧力は大きくなる

・物体の表面に垂直にはたらく

大気
液体

圧力

解説

**覚**　**「水深 10 m における圧力」**という表現には「水だけ」という意味は含んでいないので，大気圧も含めて計算します。

$$p=p_0+\rho hg$$
$$=1.0×10^5+1.0×10^3×10×9.8$$
$$=1.0×10^5+9.8×10^4$$
$$=1.98×10^5≒\mathbf{2.0×10^5 \ Pa}　答$$

**参考**　大気圧が $1.0×10^5$ Pa なので，10 m の深さでは圧力が約 2 倍になったということになります。このように 10 m 深くなるごとに，約 $1.0×10^5$ Pa ずつ圧力が増加していきます。

**Advance**

問　図1のように両端の開いたガラス管を，密度ρの液体に途中まで沈めた。次に，図2のように，上端を指で閉じたままゆっくりと押し込んだところ，ガラス管の内部と外部の液面の高さの差が$h$となった。このときの管内の空気の圧力を求めよ。ただし，大気圧を$p_0$，重力加速度の大きさを$g$とし，表面張力の影響は無視できるものとする。

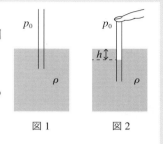

図1　　　図2

（センター試験）

**理解しよう**

## 液面付近ではなく，深いところから考えよう

■　管を使った問題は，管内の空気の状態から$p$を求めたくなりますが，深いところから考えることで，管内の空気の圧力を求められます。

■　液面では「空気が液体を押す圧力」と「液体が空気を押す圧力」は，**作用・反作用の関係**なので同じ大きさです。

## 解説

理　**空気の圧力は深いところから考えます。**

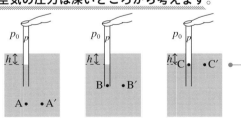

> 図のA点とA′点は，同じ深さなので，同じ圧力です。A点の上に管があるかどうかは関係ありません。A点より上の管口であってもB点とB′点は同じ圧力で，そう考えると液面であるC点とC′点も同じ圧力であることがわかります。

管内の空気の圧力を$p$とすると，理　$p$は作用・反作用の関係で，覚　**深さ$h$の点（図のC′点）の圧力と同じ**なので

$p = p_0 + \rho h g$　答

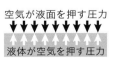

空気が液面を押す圧力

液体が空気を押す圧力

# 浮力

問 底面積 $S$，密度 $\rho$ の直方体が水に浮かんでいる。このとき，直方体が受ける浮力の大きさ $F$ と，直方体の体積 $V$ を求めよ。直方体の水面下部分の長さを $L$，水の密度を $\rho_0$，重力加速度の大きさを $g$ とする。

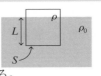

**覚えよう** -----

## 浮力の式は文字の意味に注意しよう

■ **浮力：$F = \rho V g$**

$\rho$ はまわりの流体の密度です。物体の密度ではないので，気をつけましょう。

$V$ は物体の流体中にある部分の体積です。浮力を受ける物体全体が流体中にあれば $V$ はそのまま物体の体積ですが，一部が流体上に出ているときはその部分は除きます。

また，浮力は深さによらないことにも注意しましょう。

■ 「流体」は液体と気体の総称です。

■ 密度 $= \dfrac{\text{質量}}{\text{体積}}$ なので，質量 $=$ 密度×体積です。

解説

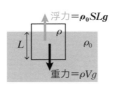

覚 まわりの水の密度は $\rho_0$，水中部分の体積は $SL$ なので

$$F = \rho_0 \times SL \times g$$
$$= \rho_0 SLg \quad \text{答}$$

直方体の 覚 **質量＝密度×体積**$= \rho V$ なので，直方体にはたらく重力の大きさは $\rho V g$ です（この $\rho V g$ は浮力ではない）。よって，力のつり合いより

$$\rho V g = \rho_0 SLg$$

$$V = \frac{\rho_0 SL}{\rho} \quad \text{答}$$

# Advance

問 図のように密度 $\rho$〔kg/m³〕の水を入れた
容器の重さを測ったところ，はかりの目
盛りは $W$〔N〕であった。体積 $V$〔m³〕の物
体を軽くて伸び縮みしない糸でつるし，
容器の底に着かないように物体全体を水
中に沈めた。このとき，はかりの目盛りは何Nになるか。ただし，重
力加速度の大きさを $g$〔m/s²〕とする。

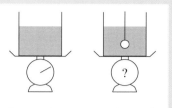

### 理解しよう

## 浮力にも反作用がある

■ 「浮力（水が物体を押す力）」と**作用・反作用の関係**にあるのは「物体
が水を押す力」なので，水は浮力と同じ大きさで鉛直下向きの力を受け
ます。

■ 「はかりが容器（＋水）を押す力（垂直抗力）」と**作用・反作用の関係**
にある「容器（＋水）がはかりを押す力」がはかりの目盛りに表れます。

## 解説

物体を入れる前，はかりの目盛りが
$W$ だったということは容器にはたらく
垂直抗力の大きさ $N$ が $W$ だったという
ことで，力のつり合いから容器にはた
らく重力の大きさも $W$ です。

物体を水中に沈めると，理 **水は物体
にはたらく浮力の反作用を受けます。**

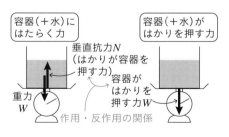

このとき容器（＋水）が受ける垂直抗力の大きさ
を $N'$〔N〕とすると，力のつり合いより

$N'-W-\rho Vg=0$

理 **はかりは垂直抗力 $N'$ の大きさを示す**ので

$N'=W+\rho Vg$〔N〕 答

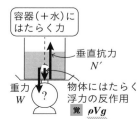

# 剛体にはたらく力の
# つり合い 1

**Basic**

問　長さ $L$ の一様な棒 AB があり，A端は鉛直なあらい壁に接触し，B端と壁は糸で結ばれている。棒 AB は水平に保たれ，糸と棒 AB のなす角は $\theta$ である。このとき，B端にはたらく糸の張力を $T$ として，A端のまわりの $T$ のモーメントの大きさを求めよ。

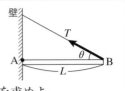

### 覚えよう

## 力のモーメントは，2通りの求め方ができるように

■　力のモーメント

点Oのまわりの力 $F$ のモーメント $M$ は

$M = Fl$

$l$ は，点Oから $F$ の作用線に下ろした垂線の長さ

作用線
（力の矢印が
乗っている直線）

■　力のモーメントの正負

物体が点Oを軸として力 $F$ によって

反時計回りに回転するとき：正

時計回りに回転するとき　：負

> 力のモーメントの正負に正式なきまりはないですが，高校物理では通常このように決めます。

## 解説

張力 $T$ の作用線にAから下ろした垂線の長さは，$L \sin \theta$ なので，A端のまわりの $T$ のモーメントの大きさ $M$ は

**覚** $M = T \times L \sin \theta$
$= TL \sin \theta$　答

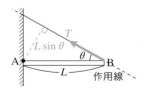

**別解**　力を分解して求める場合，張力 $T$ を直線 AB の方向とそれに垂直な方向に分けて，この力の垂直成分と線分 AB の長さをかけて力のモーメントを求めます。

$M = T \sin \theta \times L = TL \sin \theta$　答

この2通りの求め方は，問題によって計算しやすい状況が異なるので，どちらも扱えると便利です。

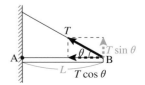

# Advance

問 Basicの状況において，棒ABの重さを$W$とする。棒のB端にはたらく張力の大きさ$T$，棒のA端にはたらく垂直抗力の大きさ$N$，静止摩擦力の大きさ$F$をそれぞれ$W$と$\theta$を用いて表せ。

 理解しよう

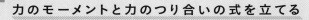
## 力のモーメントと力のつり合いの式を立てる

■　入試では，力のモーメントのつり合いの式だけではなく，力のつり合いの式も立てて，連立させて解く問題が多いです。

■　**力のモーメントのつり合い**
　　　**任意の点のまわりの力のモーメントの和＝0**

■　「一様な棒」にはたらく重力は，棒の中点が作用点です。

## 解説

　はじめに力の矢印をかきます。次に 理 **点Aのまわりの力のモーメントのつり合いの式を立てます**。$T$のモーメントはBasicで求めたとおりです。$F$と$N$の作用線上に点Aがあるので，覚 **$F$と$N$のモーメントは0**となり，式の上では出てきません。

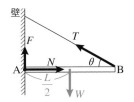

$$TL\sin\theta - W\times\frac{L}{2}=0 \quad \cdots ①$$

理 **水平方向の力のつり合い**
$$N-T\cos\theta=0 \qquad \cdots②$$

理 **鉛直方向の力のつり合い**
$$F+T\sin\theta-W=0 \qquad \cdots③$$

よって，①より　　$T=\dfrac{W}{2\sin\theta}$　答

②より　　$N=T\cos\theta=\dfrac{W}{2\sin\theta}\times\cos\theta=\dfrac{W}{2\tan\theta}$　答

③より　　$F=W-T\sin\theta=W-\dfrac{W}{2\sin\theta}\times\sin\theta=\dfrac{W}{2}$　答

# Theme 22

## 剛体にはたらく力の つり合い 2

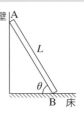

問 長さ $L$, 質量 $m$ の一様な棒 AB を, あらい水平な床
とのなす角 $\theta$ でなめらかな鉛直の壁に立てかけると,
棒は静止した。このとき, 棒 AB が壁から受ける垂
直抗力の大きさ $R$ を求めよ。ただし, 重力加速度の
大きさを $g$ とする。

### 覚えよう

## 力のモーメントの基準点は自由に選んでよい

■ 力のモーメントの基準の点は自由に選んでよいです。

■ 一般的には, **大きさがわかっていない力がはたらく点**や, **複数の力が
はたらく点**にするとよいでしょう。

■ この問題では, 棒が A で壁から受ける垂直抗力の大きさ $R$ を求めるの
で, 基準点は A ではなく B にするのがよいでしょう。この基準点 B と各
力の作用線までの距離を求めます。この問題では, 力のモーメントは
「力×作用線に下ろした垂線の長さ」で求めるほうが簡単です。

## 解説

はじめに力の矢印をかいて, 次に 覚 **基準点を B に決めます。**

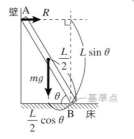

実際には Advance の図のように,
B には垂直抗力と静止摩擦力が
はたらいています。

B のまわりの力のモーメントのつり合いより

$$mg \times \frac{L}{2} \cos\theta - R \times L \sin\theta = 0$$

A のまわりの力のモーメントのつり合いの
式を立てた場合には, Advance で立てる
力のつり合いの式も使って $R$ を求めます。

$$R = \frac{mg}{2\tan\theta} \quad 答$$

# Advance

問 Basicの状況において，棒ABを動かして徐々に$\theta$を小さくしていくと，やがて棒はすべり出す。棒がすべらないための$\tan\theta$の条件を求めよ。ただし，静止摩擦係数を$\mu$とする。

 **理解しよう**

## すべらない条件を使おう

■ 入試では，力のモーメントの問題で摩擦力が登場することがよくあります。特にすべらない条件（Theme13）は重要です。

**すべらない条件「静止摩擦力≦最大摩擦力」**

**解説**

床から受ける垂直抗力の大きさを$N$，静止摩擦力の大きさを$F$とします。

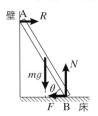

水平方向の力のつり合い：$R-F=0$　　…①

鉛直方向の力のつり合い：$N-mg=0$　…②

①，②とBasicで求めた$R=\dfrac{mg}{2\tan\theta}$を用いて

$$F=R=\frac{mg}{2\tan\theta}\ ,\ \ N=mg$$

理 **すべらない条件「静止摩擦力≦最大摩擦力」から　$F\leqq\mu N$**

よって

$$\frac{mg}{2\tan\theta}\leqq\mu\times mg$$

$$\boldsymbol{\tan\theta\geqq\frac{1}{2\mu}}\ \ \text{答}$$

# 剛体にはたらく力の つり合い 3

問 図のようにあらい水平面上にある質量$m$，1辺の長さ$a$の立方体の点Aを大きさ$F$の力で水平方向に引いた。

$F = \dfrac{1}{4}mg$ のとき，この立方体はすべることも傾くこともなかった。このとき直方体が水平面から受ける抗力の作用点と点Oの間の距離を求めよ。ただし，重力加速度の大きさを$g$とする。

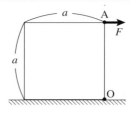

覚えよう

## 加えた力によって抗力の作用点は移動する

■ 「抗力」は，垂直抗力と摩擦力の合力です。

■ $F$がなければ抗力の作用点は底面の真ん中です。$F$を徐々に大きくしていくと，**抗力の作用点は点Oのほうに移動**します。

解説

はじめに力の矢印をかきます。覚 **垂直抗力と静止摩擦力の作用点は中央よりも右にずらします**。抗力の作用点と点Oの間の距離を$x$，垂直抗力の大きさを$N$として，点Oのまわりの力のモーメントのつり合いの式を立てます。

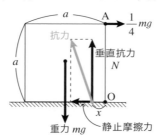

$$mg \times \dfrac{a}{2} - N \times x - \dfrac{1}{4}mg \times a = 0$$

鉛直方向の力のつり合いより　$N = mg$　なので

> 静止摩擦力の作用線は点Oを通るので，点Oのまわりの静止摩擦力のモーメントは0です。

$$x = \dfrac{1}{4}a \quad 答$$

# Advance

問　Basicの状況において，Fを徐々に大きくして
いくと，立方体は水平面上をすべることなく傾い
た。傾く直前のFの大きさと，立方体がすべらず
に傾くための立方体と水平面との間の静止摩擦係
数μの条件を求めよ。

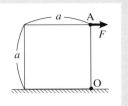

**理解しよう**

## 傾くのは抗力の作用点が角に来たとき

■　抗力の作用点が移動して角（この問題では点O）に来ると，このあと
物体は傾き始めます。入試ではこのポイントが出題されます。

■　すべらない条件「静止摩擦力≦最大摩擦力」

## 解説

立方体が傾くのは 覚 **抗力の作用点が移動して**
理 **点Oに来たとき**なので，点Oのまわりの力の
モーメントのつり合いの式を立てます。

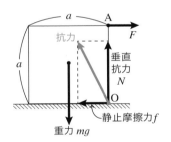

$$mg \times \frac{1}{2}a - F \times a = 0$$

$$F = \frac{1}{2}mg \quad 答$$

よって，$F = \frac{1}{2}mg$のときにすべらなければよいので，静止摩擦力の大きさを

$f$とすると，$f$は水平方向の力のつり合いより，$f = F$で，$F = \frac{1}{2}mg$なので，

理 **すべらない条件「静止摩擦力≦最大摩擦力」** より

$$f \leq \mu N$$

$$\frac{1}{2}mg \leq \mu \times mg$$

$$\mu \geq \frac{1}{2} \quad 答$$

# 重心 1

問 図のように長さ $l$ の軽い棒の両端に質量 $m$ の小球Aと質量 $2m$ の小球Bを固定した。この棒と2つの小球からなる物体系の重心の小球Aからの距離はいくらか。

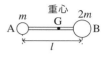

覚えよう

## 重心の公式を使うときは，軸を設定しよう

■ 重心の座標の公式

$$x_G = \frac{m_1 x_1 + m_2 x_2}{m_1 + m_2}$$

■ 重心の公式は，座標で表されているので，座標がない問題では，自分で座標を設定しましょう。

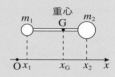

解説

重心の座標の小球Aからの距離を求めたいので， 覚 **小球Aの位置を原点O として図の右向きに $x$ 軸を取ります。** 小球Bの座標を $l$，重心の座標を $x_G$ とします。

求める距離は $x_G$ に相当するので， 覚 **重心の公式を当てはめます。**

$$x_G = \frac{m \times 0 + 2m \times l}{m + 2m}$$

$$= \frac{2}{3} l \quad 答$$

別解 2つの物体の重心は，2つの質量の逆比の位置になります。求める距離を $d$ とすると

$$d = \frac{2}{3} l \quad 答$$

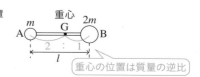

重心の位置は質量の逆比

# Advance

問　図のように，座標軸上にL字型をした一様な板を置く。この板の重心のx座標$x_G$，y座標$y_G$を求めよ。

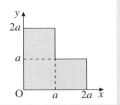

理解しよう

## 板を分けてそれぞれの重心を考えよう

■　この問題はさまざまな方法で重心を求めることができます。入試では，**解答方法が誘導形式**になっていることもあるので，**別解**の内容も含めてそれぞれの考え方を理解しましょう。

## 解説

右図のように **理 板を2つの部分A，Bに分けて考えます。**一様な板なのでそれぞれの重心の位置は真ん中にあって，Bの質量を$m$とすると，Aの質量は$2m$となります。

**覚 重心の公式**を当てはめると

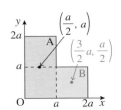

$$x_G=\frac{2m\times\frac{a}{2}+m\times\frac{3}{2}a}{2m+m}=\frac{5}{6}a \ , \quad y_G=\frac{2m\times a+m\times\frac{a}{2}}{2m+m}=\frac{5}{6}a \quad 答$$

**別解**　右図のように，**理 板を同じ質量$m$の3つの部分A，B，Cに分けて考える**こともできます。

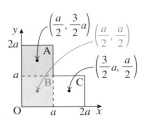

$$x_G=\frac{m\times\frac{a}{2}+m\times\frac{a}{2}+m\times\frac{3}{2}a}{m+m+m}=\frac{5}{6}a \quad 答$$

$$y_G=\frac{m\times\frac{3}{2}a+m\times\frac{a}{2}+m\times\frac{a}{2}}{m+m+m}=\frac{5}{6}a \quad 答$$

また，Basicの別解のように，質量の逆比の考え方でも求めることができます。

**Basic**

問　図のように，座標軸上にあるL字型をした一様な板の重心の$x$座標$x_G$，$y$座標$y_G$を求める。

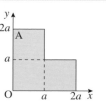

このL字型の板をAとし，同じ素材で1辺の長さが$a$の正方形の板Bを右上部分に置く。板Aと板Bを合わせると1辺の長さが$2a$の正方形となる。板Bの質量を$m$とすると，板Aの質量は（　1　）と表せる。板Bの重心の$x$座標は（　2　）で，AとBを合わせた重心の$x$座標は（　3　）なので，重心の公式を用いると，

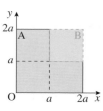

$$（　3　）=\frac{（　1　）\times x_G+m\times（　2　）}{（　1　）+m}$$

これより，$x_G=$（　4　）となり，同様に$y_G=$（4）となる。

**覚えよう**

### 考え方が誘導される問題もある

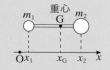

■　重心の座標の公式：$x_G=\dfrac{m_1x_1+m_2x_2}{m_1+m_2}$

■　p.59と同じ問題ですが，問題を解く考え方が誘導されています。1つの解き方だけでなく，**他の解き方も理解すること**が大切です。

解説

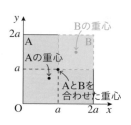

(1)　BはAと同じ素材の板なので，質量は面積の比になるので　**3m**　答

(2)　正方形の重心は真ん中なので　$\dfrac{3}{2}a$　答

(3)　1辺の長さが$2a$の正方形となるので　$a$　答

(4)　問題文に沿って**重心の公式に代入**して計算をすると

$$a=\frac{3m\times x_G+m\times\dfrac{3}{2}a}{3m+m}　　より　　x_G=\frac{5}{6}a　答$$

# Advance

問　点Oを中心とする半径3.0 cmの一様な厚さの
円板がある。図のように，点O′を中心とし，そ
の円板に内接する半径2.0 cmの円板Aを切り
取った。残った物体B（灰色の部分）の重心をG
とする。直線O′O上にある重心Gは，Oから右
に何 cmの位置にあるか。　（センター試験）

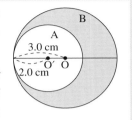

理解しよう

**Basicと同様に，切り取った部分の質量も考える**

■　考え方はBasicと同じです。この**円板に穴の空いた物体の重心**を求め
る問題は頻繁に出題されるので，しっかりと理解しておきましょう。

## 解説

重心の位置を求めるためには，理 質量の比が必要なの
で，そのためにまず面積の比を求めます。

A＋Bの面積　$\pi \times 3.0^2 = 9.0\pi$ cm²
Aの面積　　$\pi \times 2.0^2 = 4.0\pi$ cm²
Bの面積　　$9.0\pi - 4.0\pi = 5.0\pi$ cm²

よって　Aの面積：Bの面積＝4：5

面積の比と質量の比は同じなので，理 **Aの質量を4m，**
Bの質量を5mとおきます。

Oを原点として右向きに軸を取ると，O′の座標は
−1.0 cmとなり，求めたいBの重心の座標を$x_G$〔cm〕と
すると，Basicと同様に考えて 覚 **重心の公式**を用いると

$$0 = \frac{4m \times (-1.0) + 5m \times x_G}{4m + 5m}$$

$$x_G = \frac{4.0}{5} = 0.80 \text{ cm}　答$$

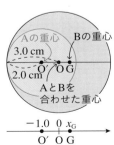

参考　この結果は，Bの重心が切り取られた部分にあることを示しています。このように，重
心は物体の外にあることもあります。例えば，真ん中に穴の空いたドーナツの重心は
穴の真ん中です。

# 物体の衝突に関する問題の今昔

　平面内における2物体の衝突の問題として，以前はビリヤードを例とすることがよくあったのですが，最近はカーリングが登場します。

　ただし，具体例が違うだけで，問題の内容はほとんど同じです。受験生の年代にとって，ビリヤードよりもカーリングのほうが目にする機会が多くなっているということでしょう。

　2022年の熊本大学の問題はカーリングを題材としていますが，衝突の問題ではなく摩擦力に関する問題でした。選手がブラシで氷の面をこすることで，動摩擦係数が変化してストーンの到達距離が変わるという内容です。
　本書でいえばTheme5，12，14で動摩擦力や運動方程式の理解を深めれば，解ける問題です。

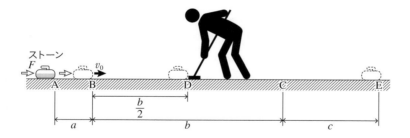

　スポーツと物理学は密接につながっているので，今後もスポーツに関する出題は増えていくでしょう。運動部に所属したことがある人は，そのスポーツで起こる現象を物理的に説明できるようにしておくとよいかもしれません。

# 仕事と
# 力学的エネルギー

# 仕事

問　図のように，水平であらい床の上に置かれた質量$m$の物体に水平方向から$\theta$の向きに大きさ$F$の外力を加え続けて，水平方向に距離$x$だけ動かした。このとき，次の力がした仕事を求めよ。床と物体の間の動摩擦係数を$\mu$，重力加速度の大きさを$g$とする。

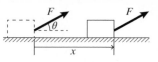

(1) 外力$(W_1)$　(2) 重力$(W_2)$　(3) 垂直抗力$(W_3)$　(4) 動摩擦力$(W_4)$

**覚えよう**

## 「力」が仕事をする

物理では人や機械が仕事をするわけではなく，**「力」が仕事をする**ので，物体にはたらく力ごとに仕事を考えることができます。

■　仕事：$W=Fx$

電磁気分野では電池も仕事をします。

■　仕事の正負

$F$と$x$が同じ向きのとき　　正

$F$と$x$が垂直のとき　　　　0

$F$と$x$が逆向きのとき　　　負

$F$と$x$が斜めの場合は，成分に分けて考えます。

## 解説

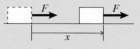

(1)　$F$を$x$に平行な方向と垂直な方向に分解します。$x$に垂直な方向の成分は仕事をしません。よって，$x$に平行な成分は$x$と同じ向きなので

　　覚 $W_1=F\cos\theta\times x=Fx\cos\theta$　答

(2)　重力$mg$の向きと$x$の向きが垂直なので

　　覚 $W_2=0$　答

(3)　垂直抗力$N$の向きと$x$の向きが垂直なので

　　覚 $W_3=0$　答

(4)　鉛直方向の力のつり合いより　$N+F\sin\theta=mg$

　　動摩擦力$\mu N$の向きと$x$の向きが逆なので

　　覚 $W_4=-\mu N\times x=-(mg-F\sin\theta)\mu x$　答

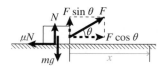

仕事は$W=Fx\cos\theta$を公式として使うこともありますが，解答のように力の向きと移動の向きをそれぞれ考えるほうが間違えにくいです。

## Advance

問 質量 $m$ の小物体を水平面からの高さ $h$ の地点 まで持ち上げる。重力加速度の大きさを $g$ とする。

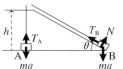

(1) 水平面の点Aからロープを使って鉛直上 方にゆっくりと引き上げるとき，ロープの張力 $T_A$ がする仕事 $W_A$ を求めよ。

(2) 水平面の点Bから，水平面とのなす角 $\theta$ のなめらかな斜面に沿って，斜面に平行に張ったロープを用いてゆっくりと引き上げるとき，ロープの張力 $T_B$ がする仕事 $W_B$ を求めよ。

### 理解しよう
#### 「ゆっくりと」の意味は「力がつり合った状態で」

■ 「ゆっくりと」にはスピードが遅いという意味の他に，力を考えるときには「力がつり合った状態で」という意味があります。

■ 入試ではBasicのような水平面上での仕事だけでなく，斜面上の仕事についての問題がよく出題されます。

## 解説

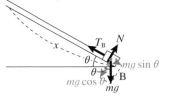

(1) 鉛直方向の 理 **力のつり合いより，$T_A = mg$** で，$T_A$ と $h$ の向きは同じなので

覚 $W_A = T_A \times h = mgh$ 答

(2) 重力を斜面方向と，斜面に垂直な方向に分解して，斜面方向の 理 **力のつり合いの式を立てると，$T_B = mg\sin\theta$**

斜面の長さを $x$ とすると，$x\sin\theta = h$ なので $x = \dfrac{h}{\sin\theta}$

$T_B$ と斜面に沿って引き上げる向きは同じなので

覚 $W_B = T_B \times x = mg\sin\theta \times \dfrac{h}{\sin\theta} = mgh$ 答

参考 斜面を使うと必要な力は小さくなります（$T_B < T_A$）が，引き上げる長さが長くなるので，結果として必要な仕事は同じ（$W_A = W_B$）になります。このように，斜面や道具（動滑車・てこなど）を使っても必要な仕事が同じことを「仕事の原理」といいます。

# 運動エネルギーと仕事，仕事率

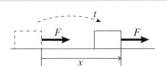

問 あらい水平面上にある質量$m$の物体に，右向きに大きさ$F$の力を加えて一定の速さで動かした。物体は時間$t$の間に距離$x$だけ動いたとすると，

(1) 物体が動いているときの運動エネルギーを求めよ。

(2) この力の仕事率を求めよ。

(3) 一定の速さを$v$とするとき，(2)の仕事率を$v$を用いて表せ。

**覚えよう**

## 仕事率は2通りの求め方ができるように

■ 仕事率：$P=\dfrac{W}{t}=Fv$

■ 運動エネルギー：$K=\dfrac{1}{2}mv^2$

エネルギーはスカラーなので，運動エネルギーにも向きはありません。

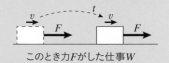

このとき力$F$がした仕事$W$

**解説**

(1) このときの物体は一定の速さなので，速さ$v=\dfrac{x}{t}$と表せます。よって，運動エネルギー$K$は

覚 $K=\dfrac{1}{2}mv^2=\dfrac{1}{2}m\left(\dfrac{x}{t}\right)^2=\dfrac{mx^2}{2t^2}$ 答

(2) 大きさ$F$の力がする仕事$W$は，力の向きと移動の向きが同じなので，$W=Fx$となります。よって仕事率$P$は

覚 $P=\dfrac{W}{t}=\dfrac{Fx}{t}$ 答 …①

(3) $v=\dfrac{x}{t}$を①式に代入すると

$P=F\times v=Fv$ 答

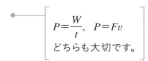

$P=\dfrac{W}{t}, \quad P=Fv$
どちらも大切です。

# Advance

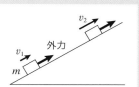

問 あらい斜面上にある質量$m$の物体に外力を加えて斜面上方に引き上げると，はじめ$v_1$だった速さが$v_2$になった。このとき，物体にはたらく合力がした仕事$W$を求めよ。

理解しよう

## 物体にした仕事の総和＝運動エネルギーの変化

■ **「物体にした仕事の総和（物体にはたらく合力がした仕事）＝運動エネルギーの変化」**という関係は，「力学的エネルギー保存の法則」につながる重要な概念です。

■ 引き算の順序
変化量・増加量＝後－前
減少量・失われた○○
＝前－後

> 例えば，100円持っていたけれど，買いものをして80円になったとします。
> 　　　前　　　　後
> 　　100円　→　80円
> 「変化量」，「増加量」　　は－20円（後－前）
> 「減少量」，「失われたお金」は　20円（前－後）

## 解説

物体にはたらく力は，問題文にある外力の他に，重力，垂直抗力，動摩擦力がはたらいています。これらの合力を求めるのではなく，「物体にはたらく合力がした仕事＝運動エネルギーの変化」を用います。

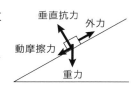

変化量は，後の 覚 **運動エネルギー**$\left(\dfrac{1}{2}mv_2{}^2\right)$から

前の 覚 **運動エネルギー**$\left(\dfrac{1}{2}mv_1{}^2\right)$を引けばよいので

理 $W = \dfrac{1}{2}mv_2{}^2 - \dfrac{1}{2}mv_1{}^2 = \dfrac{1}{2}m\left(v_2{}^2 - v_1{}^2\right)$ 答

参考 外力や動摩擦力が仕事をするので，Theme32で解説する「保存力以外の力がする仕事＝力学的エネルギーの変化」を用いることも可能ですが，問題文で与えられている物理量が限られているため，文字をおく必要があり手間がかかります。ここでは「物体にはたらく合力がした仕事＝運動エネルギーの変化」を用いたので簡単に求められました。

# 力学的エネルギー保存則 1

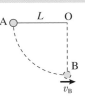

問 長さ $L$ の軽い糸の一端を天井の点Oに固定し，他端に質量 $m$ の小球を取り付ける。糸が張った状態で小球を天井の高さの点Aから静かにはなすと，小球は円弧を描きながら下降した。小球が最下点Bを通過するときの速さ $v_B$ を求めよ。重力加速度の大きさを $g$ とする。

### 覚えよう

## 力学的エネルギーが保存するかを確認しよう

■ 重力による位置エネルギー：$U = mgh$

■ 力学的エネルギー

**運動エネルギーと位置エネルギーの和**

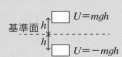

■ 保存力

高校物理で登場する保存力は4つ。

①重力 ②弾性力 ③万有引力 ④静電気力

> 「保存力」…物体にはたらく力のする仕事が経路によらず，始点と終点で決まるとき，この力を保存力といいます。

■ 力学的エネルギー保存則

**保存力のみが仕事をするとき，力学的エネルギーは保存する。**

## 解説

まず，力学的エネルギー保存則が使える条件を満たしているか確認します。

小球には，保存力ではない「糸の張力」がはたらいていますが，糸の張力

> 糸の張力は保存力ではありませんが，運動方向と常に直角なので，仕事をしません。

と小球の運動方向は常に直角なので，糸の張力は仕事をしません。

よって，覚 **保存力である重力のみが仕事をするので，力学的エネルギーは保存します。** 重力による位置エネルギーの基準を最下点Bとすると，糸の長さ $L$ の分だけAは高い位置にあるので，

覚 **「Aでの力学的エネルギー＝Bでの力学的エネルギー」** より

$$\frac{1}{2}m \times 0^2 + mgL = \frac{1}{2}mv_B^2 + mg \times 0 \quad より \quad v_B = \sqrt{2gL} \quad 答$$

# Advance

問　Basicの状況に続いて，最下点を通過した小球が，糸と鉛直線とのなす角60°の点Cを通過するときの速さ$v_C$を求めよ。

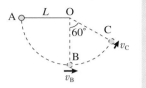

理解しよう ‥‥‥‥‥‥‥‥‥‥‥

### どの2点で式を立ててもよい

■　入試問題では，重力による位置エネルギーの基準や，力学的エネルギー保存則の式を立てる2点を指定されることがあります。**参考**も含め**てさまざまな視点で対応できるようにしましょう。**

## 解説

　糸の張力は仕事をしない（Basic参照）ので，力学的エネルギーは保存します。重力による位置エネルギーの基準を点Bとして点Cの高さを求めます。右図のように点CからOBに垂線を引くと，直角三角形の

辺の長さの比から点Cの高さは$\dfrac{L}{2}$となります。

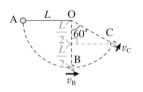

　よって，[覚] **力学的エネルギー保存則**より

[理] **Aの力学的エネルギー＝Cの力学的エネルギー**

$$\frac{1}{2}m\times 0^2+mgL=\frac{1}{2}m\times v_C{}^2+mg\times\frac{L}{2}$$

$$v_C=\sqrt{gL}\quad\text{答}$$

**参考**　別解として，重力による位置エネルギーの基準を点Cや点Aの高さにする方法もあります。例えば，点Aの高さを基準にすると，次を計算して答えを出せます。

$$0+0=\frac{1}{2}m\times v_C{}^2-mg\times\frac{L}{2}$$

もうひとつの別解として「Bの力学的エネルギー＝Cの力学的エネルギー」とする方法もあります。

$$\frac{1}{2}mv_B{}^2+0=\frac{1}{2}mv_C{}^2+mg\times\frac{L}{2}$$

Basicの答え$v_B=\sqrt{2gL}$を代入すると，答えが出ます。ただし，$v_B$が間違っていた場合はこの$v_C$も間違いになるので注意が必要です。

# 力学的エネルギー保存則 2

問　図のような曲面が点Bを含む水平面となめらかに接続されている。水平面からの高さが$h$の点Aから質量$m$の小球を静かにはなすと，小球はすべり出

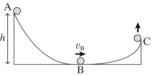

し点Bを通過し，点Cから鉛直上方に飛び出した。点Bを通過するときの速さ$v_B$と，点Cを飛び出した後の最高点の水平面からの高さ$h_1$を求めよ。ただし，摩擦力は無視できるものとし，重力加速度の大きさを$g$とする。

覚えよう

## 物体が鉛直に飛び出したら，最高点での速さは0

■　力学的エネルギー保存則

保存力のみが仕事をするとき，力学的エネルギーは保存する。

解説

　小球のこの運動の過程で，小球にはたらく力は重力と垂直抗力です。垂直抗力は保存力ではありませんが，運動方向と常に直角のため仕事をしないので，力学的エネルギーは保存します。

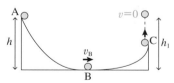

力学的エネルギー保存の法則より，

　　Aの力学的エネルギー＝Bの力学的エネルギー

$$覚\quad mgh=\frac{1}{2}mv_B{}^2 \quad より \quad v_B=\sqrt{2gh} \quad 答$$

また，力学的エネルギー保存の法則より，　覚　**最高点では速さは0**なので

　　Aの力学的エネルギー＝最高点の力学的エネルギー

$$覚\quad mgh=mgh_1 \quad より \quad h_1=h \quad 答$$ ← 最初と同じ高さまで上がるということです。

# Advance

問　図のような曲面が水平面Bとなめ
らかに接続されている。水平面から
の高さが$h$の点Aから質量$m$の小球
を静かにはなすと，小球はすべり出

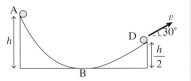

し，最下点Bからの高さ$\dfrac{h}{2}$の点Dから水平方向と30°をなす向きに飛

び出した。点Dを飛び出した後の最高点の水平面からの高さ$h_2$を求め
よ。ただし，摩擦力は無視でき，重力加速度の大きさを$g$とする。

理解しよう ┈┈┈┈┈┈┈┈┈┈┈┈┈┈┈┈┈┈┈┈┈┈┈

### 斜方に飛び出した後の最高点は，$h$ではない

■　この問題は入試でよく問われる内容です。Basicと同様に「小球が飛
び出した後の最高点の高さは$h$」と考えてしまいがちですが，**斜方投射
の場合は，最高点での速さが0ではありません。**

■　**最高点で水平方向の速さをもつので，その運動エネルギーの分だけ重
力による位置エネルギーが小さく（最高点の高さは低く）なります。**

## 解説

点Dで飛び出すときの小球の速
さを$v$として，力学的エネルギー
保存則より

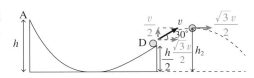

覚 $mgh = \dfrac{1}{2}mv^2 + mg \times \dfrac{h}{2}$

$v = \sqrt{gh}$

よって，点Dで飛び出すときの速度の水平成分は　$v\cos 30° = \dfrac{\sqrt{3gh}}{2}$

これが最高点での速さになるので，力学的エネルギー保存則より

覚 $mgh = \dfrac{1}{2}m \times \left(\dfrac{\sqrt{3gh}}{2}\right)^2 + mgh_2$　より　理 $h_2 = \dfrac{5}{8}h$　答

**Basic**

問 なめらかな水平面上に置いたばね定数$k$の軽いばねの一端を壁に固定し，他端に質量$m$の小球を接続する。ばねが自然長の状態で小球に図の右向きに速さ$v_0$を与えた。ばねが最も伸びたときのばねの伸び$d_1$を求めよ。また，ばねが最も縮んだときのばねの縮み$d_2$を求めよ。

覚えよう

## ばねは伸びても縮んでもエネルギーをもつ

■ 弾性力による位置エネルギー

$$U=\frac{1}{2}kx^2$$

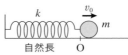

**解説**

この運動の過程で，覚 **小球に仕事をする力は弾性力** だけです。弾性力は保存力なので，力学的エネルギーが保存します。

ばねが最も伸びた点で小球の速さは0なので，力学的エネルギー保存の法則より（自然長Oと最も伸びた点で）

$$\frac{1}{2}mv_0^2+0=0+\frac{1}{2}kd_1^2$$

$$d_1=v_0\sqrt{\frac{m}{k}} \quad 答$$

ばねが最も縮んだ点で小球の速さは0なので，力学的エネルギー保存の法則より（自然長Oと最も縮んだ点で）

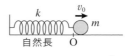

$$\frac{1}{2}mv_0^2+0=0+\frac{1}{2}kd_2^2$$

$$d_2=v_0\sqrt{\frac{m}{k}} \quad 答$$ — $\left[\begin{array}{l} d_1とd_2は等しいので，自\\ 然長からの伸びも縮みも\\ 同じです。\end{array}\right.$

# Advance

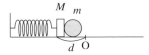

問 　なめらかな水平面上に置いたばね定数$k$の軽いばねの一端を壁に固定し，他端に質量$M$の板を接続する。質量$m$の小球を板に接した状態で，ばねを自然長の状態から長さ$d$だけ縮めて静かにはなした。小球はばねが自然長になった直後に板からはなれた。

　ばねが自然長になったときの板と小球の速さ$v$と，その後のばねの伸びの最大値$L$を求めよ。

理解しよう

## どの物体で式を立てるか確認しよう

■　入試問題には，2つの物体が接触したまま動くときと，離れて動くときの問題があるので，**どの物体に対して式を立てるのか**を確認します。

**解説**

　ばねが縮んだ状態から自然長になるまでは，板と小球は接触したまま動きます。そのため，この

理 **2つの物体を1つと考えて力学的エネルギー保存の式を立てます。**

　力学的エネルギー保存則より

覚 　$0+\dfrac{1}{2}kd^2=\dfrac{1}{2}(M+m)v^2+0$　より　$v=d\sqrt{\dfrac{k}{M+m}}$　答　…①

　ばねが自然長になった後，板と小球は離れます。小球はその後等速直線運動を続けますが，板はばねに引かれ減速し，やがて速さが0になり，すぐに図の左向きに動き出します。

理 **ばねと板について，力学的エネルギー保存則の式を立てると**

覚 　$\dfrac{1}{2}Mv^2+0=0+\dfrac{1}{2}kL^2$

　①式を代入して整理すると　$L=d\sqrt{\dfrac{M}{M+m}}$　答

UNIT 03

仕事と力学的エネルギー

## 力学的エネルギー保存則 4

問 なめらかな水平面上に置いた質量 $M$ の物体Aに軽い糸の一端を取り付け，なめらかに動く滑車を通して他端には質量 $m$ の物体Bを取り付ける。Aを静かにはなすと，AとBは動き出した。

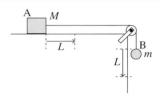

AとBが動き出してから距離 $L$ だけ動く間に糸の張力（大きさ $T$）がA，Bにした仕事 $W_A$，$W_B$ と，AとBが動き出してから距離 $L$ だけ動いたときの速さ $v$ を求めよ。重力加速度の大きさを $g$ とする。

覚えよう .................

## 糸の両端の張力がする仕事を合わせると0になる

■ 糸の張力は保存力ではないので，仕事をすると力学的エネルギーは保存しません。しかし，問題文のAとBを合わせて考えると糸の張力がする仕事は0となり，**力学的エネルギー保存則が成り立つ**ことになります。

## 解説

Aが動く向きと糸の張力の向きは同じなので
$$W_A = T \times L = \boldsymbol{TL} \quad 答$$
Bが動く向きと糸の張力の向きは逆なので
$$W_B = -T \times L = \boldsymbol{-TL} \quad 答$$

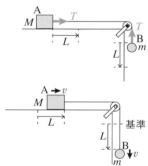

覚 **両端の張力がした仕事の和は** $TL + (-TL) = 0$
なので，AとBを合わせて考える場合は，力学的エネルギーが保存します。Bの重力による位置エネルギーの基準をはじめの高さとして，

はじめの力学的エネルギー＝後の力学的エネルギー

Aの運動エネルギー（Aの重力による位置エネルギーは変化しない）

$$0 + 0 + 0 = \frac{1}{2}Mv^2 + \frac{1}{2}mv^2 + mg(-L) \text{ より } v = \sqrt{\frac{2mgL}{M+m}} \quad 答$$

Bの運動エネルギー＋Bの重力による位置エネルギー

# Advance

問　質量 $M$ の物体Aに軽い糸の一端を取り付け，天井に
固定されたなめらかに動く滑車を通して他端には質量
$m$ ($m<M$) の物体Bを取り付ける。

　Bに下向きに $v_0$ の初速度を与えると，Aは上向きに $v_0$
の初速度で動き出した。Aのはじめの位置から最高点
までの高さ $h$ を求めよ。重力加速度の大きさを $g$ とする。

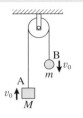

理解しよう

## 重力による位置エネルギーの基準は物体ごとに違ってもよい

■　重力による位置エネルギーの基準は自分で決めることがよくあります
が，複数の物体がある場合は**物体ごとに違っていても**問題ありません。

## 解説

　物体Bよりも物体Aのほうが質量が大きいので，A，B
はどちらも動き出した後，減速し，速さが0になった後，
逆向きに動き出します。

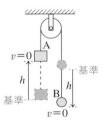

　覚 **A，Bに取り付けた糸の張力がした仕事の和は0**にな
るので，AとBを合せて考えると力学的エネルギーは保存
します。理 **A，Bともはじめの位置を重力による位置エネ
ルギーの基準**として，はじめの位置とAが最高点になった位置で力学的エネル
ギー保存則の式を立てると

```
┌─ Aの運動エネルギー＋Aの重力による位置エネルギー ─┐
```

$$\frac{1}{2}Mv_0{}^2+0+\frac{1}{2}mv_0{}^2+0=0+Mgh+0+mg(-h)$$

```
└─ Bの運動エネルギー＋Bの重力による位置エネルギー ─┘
```

$$h=\frac{(M+m)\,v_0{}^2}{2(M-m)\,g}　\text{答}$$

参考　Basic，Advance とも，それぞれの物体の力学的エネルギーは変化しています。力学的
エネルギー保存則が成り立つのは，2つの物体を合わせて考えたときです。

# Theme 32

## 保存力以外の力が仕事をするとき

問 あらい水平面上にある質量$m$の物体に，$v_0$の速さをあたえた。長さ$L$だけすべったときの速さ$v$を求めよ。物体と水平面との間の動摩擦係数を$\mu$，重力加速度の大きさを$g$とする。

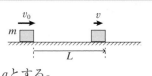

覚えよう

### 保存力以外の力がした仕事 ＝力学的エネルギーの変化

■ 保存力＝重力，弾性力，万有引力，静電気力

■ 保存力以外の力が仕事をすると，その分だけ**力学的エネルギーが変化**します。

■ 変化量＝後（あと）－前（まえ）

## 解説

物体が動いているときにはたらく動摩擦力の大きさは$\mu N = \mu mg$です。$L$だけすべる間に動摩擦力がした仕事$W$は，動摩擦力の向きと動いた向きが逆なので

$$W = -\mu mgL$$

覚 **保存力ではない動摩擦力がした仕事の分だけ力学的エネルギーは変化します**（この問題では重力による位置エネルギーは変化しません）。

動摩擦力がした仕事

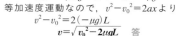

$$-\mu mgL = \frac{1}{2}mv^2 - \frac{1}{2}mv_0^2$$

後の力学的エネルギー　　前の力学的エネルギー

$$v = \sqrt{v_0^2 - 2\mu gL} \quad 答$$

別解 運動方程式からも求めることができます。図の右向きを正として

$$ma = -\mu mg \quad より \quad a = -\mu g$$

等加速度運動なので，$v^2 - v_0^2 = 2ax$ より

$$v^2 - v_0^2 = 2(-\mu g)L$$

$$v = \sqrt{v_0^2 - 2\mu gL} \quad 答$$

# Advance

問 あらい水平面上に置いた質量$m$の物体Aに軽い糸の一端を取り付け，なめらかに動く滑車を通して他端には質量$M$の物体Bを取り付ける。Aを静かにはなすと，AとBは動き出した。AとBが動き出してから距離$L$だけ動いたときの速さ$v$を求めよ。物体と水平面との間の動摩擦係数を$\mu$，重力加速度の大きさを$g$とする。

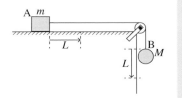

 理解しよう

## 学習した内容を組み合わせよう

■ この問題はTheme31のBasicとほとんど同じですが，水平面に摩擦があるという条件が加わり，**保存力ではない力が仕事をしています。**

## 解説

まず，糸の張力が仕事をしていますが，理 **AとBを合わせると仕事は0になります**（Theme31 Basicと同様）。

また，動摩擦力も仕事をしていて，この仕事$W$は $W=-\mu mgL$ です（Theme32 Basicと同様）。したがって，Bのはじめの高さを重力による位置エネルギーの基準として

覚 **「保存力以外の力のした仕事＝力学的エネルギーの変化」** より

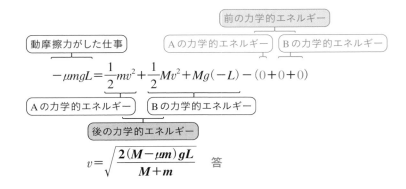

$$-\mu mgL=\frac{1}{2}mv^2+\frac{1}{2}Mv^2+Mg(-L)-(0+0+0)$$

$$v=\sqrt{\frac{2(M-\mu m)gL}{M+m}} \quad 答$$

# 物理なのに，生物の問題!?

　帯広畜産大学の物理の入試問題では，畜産大学ということで生物に関する問題も出題されることがあります。2022年にはバッタのジャンプに関する問題が出題されました。

　生物に関する出題とはいっても，もちろん生物に関する知識は必要なく，物理に関する知識だけで解くことができます。

　この問題については，Theme11，30，33などで練習した力学的エネルギー保存則や運動量と力積を組み合わせて考えるとよいでしょう。

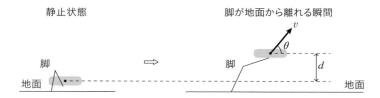

　この他にも，帯広で行われているばんえい競馬に関する問題など地域に関する出題などもあります。

　これからの入試問題では，生物系の大学だけではなく，一般的に（特に共通テストでは）思考力を問う問題として生物に関係するような内容を物理的に考える問題が出題されることが増えていくかもしれません。

# 運動量と力積

## Theme 33 運動量と力積

**Basic**

> 問 西から速さ$v$で飛んできた質量$m$のボールを，バットで
> 西向きに同じ速さ$v$で打ち返した。ボールがバットから受
> けた力積の向きと大きさを求めよ。また，バットがボール
> から受けた力積の向きと大きさを求めよ。

北
西十東
南

---

**覚えよう**

### 運動量，力積は，スカラーではなくベクトル

■ 運動量：$p=mv$（運動量の向きは速度の向きと同じ）
■ 力積 ：$I=F\Delta t$（力積の向きは力の向きと同じ）
■ **物体が受けた力積＝物体の運動量の変化**
■ 「運動量と力積の関係」は，「運動エネルギーと仕事の関係」に似てい
ますが，違いにも注意しましょう。

運動量，力積………ベクトル（向きを考える必要がある）
エネルギー，仕事…スカラー

---

解説

西向きを正として，

覚 **ボールが受けた力積＝ボールの運動量の変化（後－前）** より

ボールが受けた力積＝$mv-m(-v)=2mv$

正の値なので，向き：**西向き** 大きさ：**$2mv$** 答

バットとボールが接触している間，作用・反作用の法則より，
ボールが受けた力とバットが受けた力は，常に逆
向きで同じ大きさです。また，接触している時間
$\Delta t$は同じなので，ボールが受けた力積とバットが
受けた 覚 **力積は逆向き**で同じ大きさになります。

向き：**東向き** 大きさ：**$2mv$** 答

前 $v$

後 $v$

正 ←

ボールがバット　バットがボール
から受ける力積　から受ける力積

---

**参考** 「バットがボールから受ける力積＝バットの運動量の変化」ではありません。バットに
はボールから受ける力以外にも，ボールを打ち返すために手から力を受けていること
になります（問題文には書かれていませんが）。つまり，バットは複数の力による力積
を受けているので，ボールだけから受けた力積は，バットの運動量の変化からは求め
られないのです。

# Advance

問　西から速さ$v$で飛んできた質量$m$のボールを，バットで北向きに同じ速さ$v$で打ち返した。ボールがバットから受けた力積の大きさと向きを求めよ。また，バットがボールから受けた力積の向きと大きさを求めよ。

北
西十東
南

### 理解しよう

## 力積と運動量をベクトル（矢印）で考えよう

■　Basicのように，一直線上の運動では向きを正負で表すことができますが，**平面上の動きではベクトル（矢印）で考える**ことになります。

■　成分で考えても解くことができます。

U
N
I
T
04

運動量と力積

## 解説

理　運動量をベクトルで表すと，右図のようになります。

覚　**ボールが受けた力積＝ボールの運動量の変化（後－前）**

なので，運動量を理　**ベクトルとして引き算**をします。矢印の根元をそろえると，求めるベクトルの長さは$\sqrt{2}\,mv$となります。

このベクトルがボールがバットから受けた力積なので

向き：**北西の向き**　大きさ：$\boldsymbol{\sqrt{2}\,mv}$　答

また，バットがボールから受けた力積は，Basicと同様にボールがバットから受けた力積と逆向きで大きさが同じなので

向き：**南東の向き**　大きさ：$\boldsymbol{\sqrt{2}\,mv}$　答

別解　成分で考えます。次の図のように東向きを$x$方向，北向きを$y$方向として，求める力積の$x$成分を$I_x$，$y$成分を$I_y$とすると，ボールが受けた力積＝ボールの運動量の変化（後－前）なので

$$I_x = 0 - mv = -mv,\quad I_y = mv - 0 = mv$$

図の正方形の対角線が求める力積なので

向き：**北西の向き**，大きさ：$\boldsymbol{\sqrt{2}\,mv}$　答

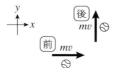

# Theme 34 運動量保存の法則

## Basic

問 左右に伸びる一直線上で，右向きに速さ5 m/s で運動している質量2 kgの物体Aと，左向きに速さ2 m/sで運動している質量4 kgの物体Bが衝突した。衝突後，物体Bは右向きに速さ1 m/sで運動した。衝突後の物体Aの速さと向きを求めよ。

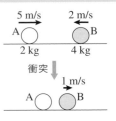

### 覚えよう

**衝突，合体，分裂では運動量の和は保存する**

■ **運動量保存の法則**：外力（2つの物体間以外の力）による力積が加わらないとき（具体的には衝突，合体，分裂などのとき），運動量の和は保存します。

■ 求めたい物理量を，正の向きに取りましょう。

## 解説

2つの物体が衝突したとき，覚 **衝突の前後で運動量の和は保存**します。図の右向きを正とします。衝突後の物体Aの 覚 **速さと向きを求めたいので，正の向き（右向き）に速度**$v$〔m/s〕とおきます。

運動量保存の法則より

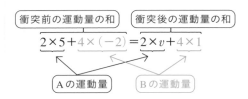

$$\underbrace{2\times5+4\times(-2)}_{} = \underbrace{2\times v+4\times1}_{}$$

衝突前の運動量の和　　衝突後の運動量の和

Aの運動量　　Bの運動量

計算すると，$v=-1$ m/sとなります。負の値になったので，向きは左向きになります。よって

速さ：**1 m/s**，向き：**左向き**　答

# Advance

問　左右に伸びる一直線上で，右向きに速さ5.0 m/s
で運動していた質量2.0 kgの物体Aと，左向き
に速さ4.0 m/sで運動していた物体Bが衝突し
た。衝突後，2つの物体は一体となり，その場
に静止した。物体Bの質量$m$〔kg〕と，この衝突
で失われた力学的エネルギー$\Delta E$〔J〕を求めよ。

5.0 m/s　　4.0 m/s
A○　　　　○B
2.0 kg　　　$m$〔kg〕

衝突 ↓

A+B ○○　静止

 理解しよう

## 静止したとしても，運動量の和は保存する

■　「衝突後，2つの物体は静止した」場合も，**運動量の和が減少したので
はありません。** 衝突，合体，分裂でも運動量の和は保存します。

■　衝突後に静止したので運動量の和は0ですが，衝突前も運動量の和が
0だったのです。運動エネルギーはスカラーなので動いていれば和が0
になることはありませんが，運動量はベクトルなので逆向きに動いてい
る2つの物体の運動量の和が0になることはあります。

■　失われた○○＝**前の**○○ー**後の**○○
この計算は変化量を求めるときと引き算の順序が違うので注意。

## 解説

右向きを正として，〔理〕**衝突後も運動量の和は保存**するので，〔覚〕**運動量保存
の法則**より

〔衝突前の運動量の和〕　〔衝突後の運動量の和〕
$$2.0 \times 5.0 + m \times (-4.0) = 0$$
〔Aの運動量〕　〔Bの運動量〕

より　　$m = \mathbf{2.5 \ kg}$　答

衝突の前後で変化しているのは運動エネルギーなので

〔衝突前のAの運動エネルギー〕　〔衝突前のBの運動エネルギー〕

〔理〕$\Delta E = \dfrac{1}{2} \times 2.0 \times 5.0^2 + \dfrac{1}{2} \times 2.5 \times 4.0^2 - 0$　　〔衝突後の運動エネルギーの和〕

$= \mathbf{45 \ J}$　答

U N I T 04

運動量と力積

# 反発係数（はね返り係数）

## Basic

問　左右に伸びる一直線上で，右向きに速さ5 m/s
で運動していた物体Aと，左向きに速さ1 m/sで
運動していた物体Bが衝突した。衝突後，物体
Bは右向きに速さ1 m/sで運動した。2物体間の
反発係数が0.5のとき，衝突後の物体Aの速さと
向きを求めよ。

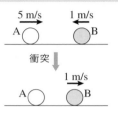

### 覚えよう

## 反発係数の式は符号に注意

■　反発係数（はね返り係数）：$e = -\dfrac{v_A{}' - v_B{}'}{v_A - v_B}$

■　反発係数の式中の$v$は「速度」なので，符号も考えて代入しましょう。

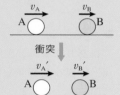

## 解説

　右向きを正とします。衝突後の物体Aの速度を$v$〔m/s〕として，正の向き（右向き）にとります。反発係数が0.5なので式を立てると

覚　$0.5 = -\dfrac{v-1}{5-(-1)}$

$v = -2$

負の値になったので，向きは左向きになります。よって

**速さ：2 m/s，向き：左向き**　答

参考　なぜ，反発係数の式にマイナスが付くのか考えてみましょう。
衝突するので，必ず$v_A > v_B$です。
衝突後Aのほうが速くなることはないので，必ず$v_A{}' \leqq v_B{}'$です。

$e = -\dfrac{v_A{}' - v_B{}'}{v_A - v_B}$　◀ 分子と分母の符号が
　　　　　　　　　　　　　　必ず逆になります

反発係数$e$は必ず$0 \leqq e \leqq 1$なので正の値です。右辺に－をつけることで，右辺が正の値になります。

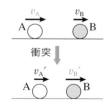

# Advance

| 問 | なめらかな水平面上を運動する小球が，固定されたなめらかな壁に60°の角をなす方向から衝突し，45°の角をなす方向にはね返った。小球と壁の間の反発係数 $e$ を求めよ。答えは平方根や分数のままでよい。 |
|---|---|

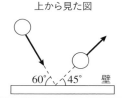

上から見た図

60°　45°　壁

**理解しよう**

## 壁に垂直な速度成分を使って反発係数を求める

■　衝突の問題はBasicのような一直線上（1次元）の問題が基本ですが，入試では2次元での衝突も頻繁に出題されます。他分野と同様に速度を成分に分けて考えましょう。

■　なめらかな壁との衝突では，**壁に平行な速度成分は変わりません。**

## 解説

図のように $x$ 軸，$y$ 軸を取ります。壁に衝突する前の小球の速さを $v$ とすると，$x$ 成分 $v_x$，$y$ 成分 $v_y$ は

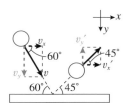

$$v_x = \frac{1}{2}v, \quad v_y = \frac{\sqrt{3}}{2}v$$

壁に衝突した後の小球の速さの $x$ 成分を $v_x{}'$，$y$ 成分を $v_y{}'$ とすると，壁に平行な速度成分は変わらないので

$$v_x{}' = v_x = \frac{1}{2}v$$

45°ではね返ったので $v_x{}'$ と $v_y{}'$ の大きさは同じです。$v_y{}'$ は負の向きなので

$$v_y{}' = -v_x{}' = -\frac{1}{2}v$$

理 <u>反発係数は壁に垂直な速度成分を用いる</u>ので（壁の速度は0）

覚 $$e = -\frac{-\dfrac{1}{2}v - 0}{\dfrac{\sqrt{3}}{2}v - 0} = \frac{1}{\sqrt{3}} \quad 答$$

# 運動量保存の法則と
# 反発係数 1

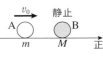

問 　左右に伸びる一直線上で，静止していた質量
$M$の物体Bに，速度$v_0$で運動していた質量$m$の
物体Aが衝突した。衝突後の物体A，Bの速度
をそれぞれ求めよ。物体AとBの間の反発係数を$e$とし，速度は右向
きを正とする。

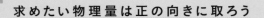

覚えよう

### 求めたい物理量は正の向きに取ろう

■ 　衝突後の速度を求める問題では，次の①，②を連立させて求めます
（どちらかだけで求められる場合もあります）。

　　　① 　運動量保存則の式　　② 　反発係数の式

## 解説

　衝突後の物体A，Bの速度をそれぞれ$v$，$V$とします。衝突後物体Aは左向き
に運動する可能性がありますが，求めたい速度は正の向きに取ります。

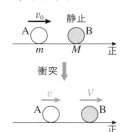

覚 **運動量保存の法則**より

$$mv_0 + M \times 0 = mv + MV \quad \cdots ①$$

覚 **反発係数の式**より

$$e = -\frac{v - V}{v_0 - 0} \quad \cdots ②$$

②より

$$V = v + ev_0 \quad \cdots ②'$$

①に代入して

$$mv_0 = mv + M(v + ev_0) \quad より \quad v = \frac{m - eM}{m + M}v_0 \quad 答$$

②′に代入して

$$V = \frac{m - eM}{m + M}v_0 + ev_0 = \frac{(1 + e)m}{m + M}v_0 \quad 答$$

参考 　この結果から，物体Aは$m > eM$のとき$v > 0$なので右向きに，$m < eM$のとき$v < 0$なので
左向きに動きます。物体Bは$V > 0$なので，必ず右向きに動きます。

# Advance

問 左右に伸びる一直線上で，速度$v$で運動していた質量$m$の物体Aと，速度$V$で運動していた質量$M$の物体Bが弾性衝突した。衝突後の物体A，Bの速度をそれぞれ求めよ。速度は右向きを正とする。

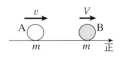

理解しよう

**同じ質量の物体が弾性衝突 → 速度が入れかわる**

■ 反発係数は数値や文字$e$で与えられることがありますが，入試ではこの問題のように「弾性衝突した」などの言葉で与えられることもあるので，次の分類を覚えておきましょう。

$$\text{衝突}\quad 0\leqq e\leqq 1 \begin{cases} \textbf{弾性衝突} & \boldsymbol{e=1} \\ \textbf{非弾性衝突} & \boldsymbol{0\leqq e<1} \end{cases}$$

（非弾性衝突のうち，完全非弾性衝突$e=0$）

U N I T 04

運動量と力積

## 解説

衝突後の物体A，Bの速度をそれぞれ$v'$，$V'$とします。どちらも速度は正の向きに取ります。覚 **運動量保存の法則**より

$$mv+mV=mv'+mV' \quad \text{より} \quad v+V=v'+V' \quad \cdots①$$

理 **弾性衝突（$e=1$）**なので，覚 **反発係数の式**より

$$1=-\frac{v'-V'}{v-V}$$

$$V'=v'+v-V \quad \cdots②$$

①に代入して

$$v+V=v'+(v'+v-V) \quad \text{より} \quad v'=V$$

②に代入して

$$V'=V+v-V=v$$

したがって，Aの速度：$V$，Bの速度：$v$ 答

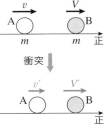

参考 この結果は一般に，一直線上での2物体の衝突で次の条件を満たしているとき，衝突後に速度が入れかわることを表しています。覚えておくと便利です。
　　① 質量が同じ　　② 弾性衝突

# Theme 37 運動量保存の法則と反発係数 2

(1) 左右に伸びる一直線上で，静止していた質量$M$の物体Bに，速度$v_0$で運動していた質量$m$の物体Aが反発係数0で衝突した。衝突後の物体Aの速度を求めよ。速度は右向きを正とする。

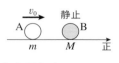

(2) 左右に伸びるなめらかな水平面上に，あらい上面をもつ質量$M$の台Dが静止している。台D上にある物体Cに初速度$v_0$を与えたところ，台Dも動き出し，やがて物体Cは台Dに対して静止した。このときの物体Cの速度を求めよ。速度は右向きを正とする。

---

覚えよう

## 「反発係数 = 0」は 2 物体が合体するということ

■ 反発係数 = 0 ということは，$0 = -\dfrac{v_A' - v_B'}{v_A - v_B}$ なので $v_A' = v_B'$

つまり同じ速度になるので，**A，Bは一体となって運動**します。

■ 2物体間にはたらく摩擦力は内力です。2物体間以外の力（外力）が力積を及ぼさなければ，運動量保存の法則が成り立ちます。

## 解説

(1) 反発係数が0なので，覚 **衝突後の2物体は，一体となって同じ速度で運動**します。求める速度を$v$とすると，運動量保存の法則より

衝突後

$$mv_0 + M \times 0 = (m+M)v \quad より \quad v = \frac{m}{m+M}v_0 \quad 答$$

(2) 「物体Cは台Dに対して静止した」ということは，物体Cと台Dは同じ速度になったということです。つまり，覚 **合体したことと同じ**なので求める速度を$V$とすると，運動量保存の法則より

同じ速度になった後

$$mv_0 + M \times 0 = (m+M)V \quad より \quad V = \frac{m}{m+M}v_0 \quad 答$$

# Advance

問 左右に伸びるなめらかな水平面上に，なめらかな水平面と曲面をもつ質量 $M$ の台が静止している。図のように台上の質量 $m$ の小球Aに初速度 $v_0$ を与えたところ，やがて台も動き出した。小球Aが台上で最高点に達したときの台の速度 $V$ を求めよ。また小球Aの最高点まで上がった高さ $h$ を求めよ。速度は右向きを正とする。

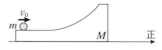

理解しよう

## 最高点での小球Aの速度は，台の速度と同じ

■ 小球Aが台を上がると，重力が力積を及ぼします。この重力は外力になるので，鉛直方向は運動量が保存しません。しかし，水平方向にはたらく外力はないので，**水平方向は運動量保存の法則が成り立ちます。**

■ 運動の間，小球Aと台の力学的エネルギーの和は保存します（2物体間にはたらく垂直抗力が仕事をしますが，和が0になります）。

## 解説

小球Aが台上で最高点に達したとき，

覚 **小球Aも台も同じ速度 $V$ になります。**

理 **水平方向の運動量保存の法則**より

$$mv_0 + M \times 0 = (m+M)V$$

$$V = \frac{m}{m+M} v_0 \quad \cdots ① \quad 答$$

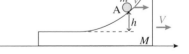

理 **力学的エネルギー保存の法則**より

$$\frac{1}{2}mv_0^2 = \frac{1}{2}(m+M)V^2 + mgh$$

①を代入して

$$\frac{1}{2}mv_0^2 = \frac{1}{2}(m+M) \times \frac{m^2 v_0^2}{(m+M)^2} + mgh \quad \text{より} \quad gh = \frac{1}{2}\left(v_0^2 - \frac{mv_0^2}{m+M}\right)$$

よって $h = \dfrac{Mv_0^2}{2(m+M)g}$ 答

Basicの(1)，(2)，Advanceの $V$ の答えはすべて同じです。問題の見た目は異なりますが，どれも運動量保存の法則が成り立っていて，結論は同じになるのです。

U
N
I
T
04

運動量と力積

## 身近な遊び，物理で説明できる？

よく跳ねるゴムボールを，2つ重ねて床に落としたことはありますか？

　2つのゴムボールがぴったり鉛直方向に重なったまま落とすのは難しいのですが，うまく落とすことができれば，2つ重ねたうちの上のゴムボールが落とした高さよりも，高く跳ね上がります。さらにゴムボールを3つ，4つと増やしていったり，下のゴムボールを質量の大きいものに替えたりすると，一番上のゴムボールはかなりの高さまで跳ね上がります。

　2022年の東京海洋大学の入試問題では，この現象について出題されました。ゴムボールの高さを求めるには，本書のTheme6，35の考え方が基本です。

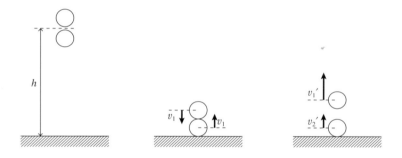

　他にも，2017年の東京大学では，塔を崩さないように木の棒を引き抜く遊びに関する出題もありました。

　過去にもいくつかの大学で同様の問題が出題されていますが，身近な遊びを題材とした問題は今後も増えていくでしょう。

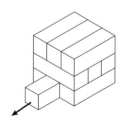

# さまざまな運動

# 慣性力 1

問 左右に伸びる水平な線路上にある電車の天井から，糸で質量$m$の小球をつるしてある。電車が加速度$a$($a > 0$，図の右向き）で右向きに動いているとき，電車内から見ると糸が鉛直方向から角$\theta$だけ傾いて静止していた。重力加速度の大きさを$g$として，糸の張力の大きさ$T$と$\tan\theta$の値を$m$, $a$, $g$の中から必要な文字を用いて表せ。

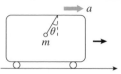

覚えよう

## 加速している観測者から見える力が「慣性力」

■ 慣性力

加速度$a$で動いている観測者から質量$m$の物体を見ると，物体には**加速度と逆向きに大きさ$ma$の力**がはたらいているように見えます。この力を「慣性力」といいます。

解説

電車内の観測者から見ると，小球には重力と糸の張力の他に，覚 **加速度$a$と逆向き（左向き）に大きさ$ma$の慣性力**がはたらいて見えます。電車内から見ると小球は静止しているので，力がつり合っています。

鉛直方向：$T\cos\theta = mg$ …①
水平方向：$T\sin\theta = ma$ …②

$\sin^2\theta + \cos^2\theta = 1$なので，①，②を代入すると

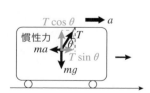

$$\left(\frac{ma}{T}\right)^2 + \left(\frac{mg}{T}\right)^2 = 1 \quad より \quad T = m\sqrt{a^2 + g^2} \quad 答$$

②÷①から，$\dfrac{T\sin\theta}{T\cos\theta} = \dfrac{ma}{mg}$ より $\tan\theta = \dfrac{a}{g}$ 答

別解 次のように解くこともできます。重力$mg$と慣性力$ma$の合力が糸の張力$T$とつり合うので

$$T = \sqrt{(ma)^2 + (mg)^2} = m\sqrt{a^2 + g^2} \quad 答$$

右図より $\tan\theta = \dfrac{ma}{mg} = \dfrac{a}{g}$ 答

# Advance

問　Basicの状況において，電車が加速している途中で糸が切れた。電車の加速度は同じ$a$を保ったままだとすると，次の①，②の観測者から見た小球の運動の軌跡はどのようになるか。図中のA〜Eから選べ。

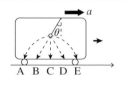

①　電車内の観測者　　②　電車外で静止している観測者

**理解しよう**

## 電車内から見るときは「見かけの重力」で考える

■　加速している観測者から見た重力と慣性力の合力（この問いの場合は$m\sqrt{a^2+g^2}$）を「**見かけの重力**」といいます。さらに質量$m$で割ったもの（この問いの場合は$\sqrt{a^2+g^2}$）を「**見かけの重力加速度**」といいます。

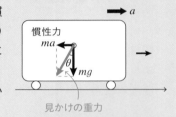

見かけの重力

■　加速している観測者から見ると，**見かけの重力を受けて物体は運動します**。この場合，加速している観測者から見た物体の初速度の向きによって，どのように運動するか（直線運動か放物運動か）が決まります。

■　静止している観測者から見ると**慣性力は見えないので，重力だけを受けて運動します**。この場合，静止している観測者から見た初速度の向きにより，どのように運動するか（直線運動か放物運動か）が決まります。

## 解説

①　電車内の観測者から見ると，小球には 覚 **慣性力を含めた** 理 **見かけの重力**がはたらいていて，小球が静止している状態で糸が切れています。つまり，初速度0で図の左下向きの見かけの重力のみを受けて運動するので，小球は左下向きの直線運動をします。　　**B**　答

②　理 **静止している観測者から見ると，小球には重力だけ**がはたらいていて，小球は右向きに動いています。つまり，右向きに初速度をもつ水平投射の運動となります。　　**E**　答

UNIT 05 さまざまな運動

問　鉛直上向きの加速度$a$で上昇しているエレベーターの床からの高さ$h$の位置に小球が糸でつるされている。糸を切ると，小球はエレベーターの床に衝突した。糸を切った後もエレベーターの加速度は変化しないとして，糸を切ってから小球がエレベーターの床に衝突するまでの時間$t$を求めよ。ただし，エレベーターの外で静止している観測者から見た立場で考えること。重力加速度の大きさを$g$とする。

**覚えよう**

## 小球の運動は，鉛直投げ上げ運動

■　慣性力を使わずに解く問題です。糸を切った直後は，**エレベーターと小球は同じ速度**です。エレベーターはそのまま鉛直上向きの加速度$a$で等加速度運動をしますが，小球は糸が切れたため受ける力は重力のみとなり，鉛直下向きの重力加速度$g$で運動します。

糸を切った瞬間

### 解説

糸を切った直後の 覚 **エレベーターと小球の速度を$v_0$** とします。また小球がエレベーターの床に衝突するまでの移動距離をエレベーターは$L$，小球は$l$として 覚 **等加速度直線運動**の式$\left(x=v_0 t+\dfrac{1}{2}at^2\right)$より鉛直上向きを正とすると

エレベーター：$L=v_0 t+\dfrac{1}{2}at^2$　　…①

小　球　　　：$l=v_0 t+\dfrac{1}{2}(-g)t^2$　…②

また，それぞれの移動距離の関係より　$l+h=L$　…③

①，②を③に代入して整理すると　$t=\sqrt{\dfrac{2h}{g+a}}$　答

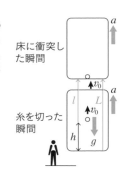
床に衝突した瞬間

糸を切った瞬間

# Advance

問 Basicの問題をエレベーターの中の観測者から見た立場で考えると
どうなるか。

 理解しよう

## 加速している観測者から見るので慣性力を考える

■ 同じ問題を「慣性力」を用いて考える問題です。入試では慣性力を用
いる考え方が問われます。

■ 重力と慣性力の合力が「見かけの重力」になり，「見かけの重力」を
質量で割ったものが「見かけの重力加速度」になります。エレベーター
の中の観測者から見ると，小球はこの**「見かけの重力加速度」で運動**し
ます。

U
N
I
T
05

さまざまな運動

## 解説

エレベーターの中の観測者から見ると，小球には 理 **加速度と**
**逆向き（鉛直下向き）に大きさ$ma$の慣性力**がはたらいて見えま
す。小球の質量を$m$とすると，重力とこの慣性力の合力は

$$mg+ma=m(g+a)$$

この 理 **$m(g+a)$が「見かけの重力」**です。これを質量$m$で
割った 理 **$g+a$が「見かけの重力加速度」**です。

エレベーターの中の観測者が見ると，糸を切るまでは小球は静
止しています。そのため，糸を切ると小球は初速度0で運動を始
め，エレベーターの床に達するまで，見かけの重力加速度で等加
速度直線運動をします。覚 **等加速度直線運動**の式

$\left(x=v_0t+\dfrac{1}{2}at^2\right)$より，鉛直下向きを正とすると

$$h=0\times t+\frac{1}{2}(g+a)t^2$$

$$t=\sqrt{\frac{2h}{g+a}}\quad 答$$

> 「慣性力」を用いて「見かけの重
> 力加速度」を用いると，等加速
> 度直線運動の式1本で答えが導き
> 出されます。この解き方をマスター
> しましょう。

# Basic

問 半径$r$で等速円運動をしている小球がある。この小球は時間$t$で角度$\theta$だけ回転した。このとき，次の量を$r$, $t$, $\theta$を用いて表せ。

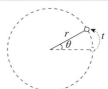

(1) 角速度$\omega$ 　　(2) 小球の速さ$v$

(3) 小球の加速度の大きさ$a$ 　　(4) 周期$T$

(5) 回転数$n$

---

**覚えよう**

## 円運動の速度，加速度は向きも覚えよう

■ 角速度$\omega$（単位時間あたりの回転角） : $\omega = \dfrac{\theta}{t}$

■ 速さ$v$（**向きは円の接線方向**） : $v = r\omega$

■ 加速度の大きさ$a$（**向きは円の中心方向**）: $a = r\omega^2 = \dfrac{v^2}{r}$

■ 周期$T$（1回転する時間） : $T = \dfrac{2\pi}{\omega} = \dfrac{2\pi r}{v}$

■ 回転数$n$（1秒あたりの回転の回数） : $n = \dfrac{1}{T}$

---

解説

(1) 覚 **角速度$\omega$は** 　$\omega = \dfrac{\theta}{t}$ 　答

(2) 覚 **速さ$v$は** 　$v = r\omega = \dfrac{r\theta}{t}$ 　答

(3) 覚 **加速度の大きさ$a$は** 　$a = r\omega^2 = \dfrac{r\theta^2}{t^2}$ 　答

(4) 覚 **周期$T$は** 　$T = \dfrac{2\pi}{\omega} = \dfrac{2\pi t}{\theta}$ 　答

(5) 覚 **回転数$n$は** 　$n = \dfrac{1}{T} = \dfrac{\theta}{2\pi t}$ 　答

# Advance

問　自然の長さ $l$，ばね定数 $k$ の軽いばねの一端に質量 $m$ の小球を付け，ばねの他端を中心になめらかな水平面上で等速円運動をさせたところ，ばねの長さは $r$ になった。このとき，小球の速さ $v$ を次の2つの立場で求めよ。

(1)　静止した観測者から見た場合

(2)　小球と一緒に円運動をしている観測者から見た場合

理解しよう

### 遠心力は円運動している観測者から見える慣性力

■　遠心力 $F$（向きは円の中心と逆）：$F = mr\omega^2 = m\dfrac{v^2}{r}$

■　遠心力は慣性力の一種なので，大きさは「$ma$」，向きは観測者の加速度と逆向きなので「円の中心と逆向き」になります。

■　入試では「運動方程式を書け」や「遠心力を用いて力のつり合いの式を書け」という指示がある問題も出るので，**どちらの解法でも解けるようにしましょう。**

## 解説

(1)　静止した観測者から見ると，小球にはたらく水平面内の力は，ばねの弾性力だけです。ばねの伸びは $r-l$，

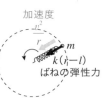

　覚　**加速度の大きさは $\dfrac{v^2}{r}$ なので，**運動方程式を立てると

$$m \times \frac{v^2}{r} = k(r-l) \quad より \quad v = \sqrt{\frac{kr(r-l)}{m}} \quad 答$$

(2)　小球と一緒に円運動をしている観測者から見ると小球は静止しており，小球にはたらく水平面内の力は，ばねの弾性力と遠心力なので，力のつり合いから

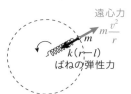

　理　$k(r-l) = m\dfrac{v^2}{r} \quad より \quad v = \sqrt{\dfrac{kr(r-l)}{m}} \quad 答$

# 円運動 2

> 問 長さ $l$ の軽い糸の上端を固定し，下端に質量 $m$ の
> 小球を付け，水平面内で等速円運動させる。この
> とき，糸の張力の大きさ $S$ と小球の速さ $v$ を求めよ。
> 糸が鉛直線となす角を $\theta$，重力加速度の大きさを $g$
> とする。

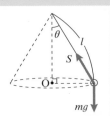

---

覚えよう

## 円の中心方向とその垂直方向に力を分けよう

■ このような振り子を「円すい振り子」といいます。

■ 小球は水平面内で等速円運動しているので，鉛直方向の**力はつり合っ
ていて**，水平方向は円の中心方向に加速度をもつので**運動方程式**を立て
ます。

解説

　円運動の半径は $l \sin \theta$ と表せます。水平面内の円運
動なので，糸の張力 $S$ を水平方向と鉛直方向に分解し
ます。

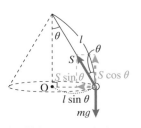

覚 **鉛直方向は力がつり合っている**ので

$$S \cos \theta - mg = 0 \quad より \quad S = \frac{mg}{\cos \theta} \quad 答 \quad \cdots ①$$

覚 **円の中心方向（半径方向）の運動方程式より円運動の加速度の大きさ**

$a = \dfrac{v^2}{r}$ を用いて

$$m \times \frac{v^2}{l \sin \theta} = S \sin \theta \quad \cdots ②$$

②式に①式を代入して整理すると

$$v = \sin \theta \sqrt{\frac{gl}{\cos \theta}} \quad 答$$

参考 小球と一緒に円運動している観測者から見ると，小球
にはたらく力は遠心力を加えて右図のようになり，水
平方向の力のつり合いの式は，②式と同じになります。

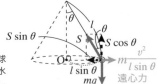

# Advance

問 長さ$l$の軽い糸の上端を固定し，下端に質量$m$の小球をつり下げた。小球に水平方向に速さ$v_0$を与えると鉛直面内で円運動をはじめた。糸が鉛直線となす角$\theta$となる点Pを小球が通過するときの速さ$v$と，糸の張力の大きさ$S$を求めよ。重力加速度の大きさを$g$とする。

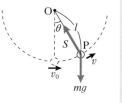

 理解しよう ‥‥‥‥‥‥‥‥‥‥‥‥‥‥‥‥‥‥‥

## 円の中心方向が，Basicの問題とは異なる

■ 力の矢印を見ると，Basicの円すい振り子の問題と同じなのですが，円運動の中心の位置が違います。そのため，糸の張力ではなく**重力を分解**することになります。

■ 速さは力学的エネルギー保存の法則で求めます。

■ 鉛直面内の円運動は等速ではありませんが，ある位置において等速円運動の加速度の大きさや，遠心力の大きさの式は使えます。

## 解説

最下点から点Pまでの高さは，$l-l\cos\theta$と表せるので，理 **力学的エネルギー保存の法則**より

$$\frac{1}{2}mv_0^2=\frac{1}{2}mv^2+mg(l-l\cos\theta)$$

$$v=\sqrt{v_0^2-2gl(1-\cos\theta)} \quad 答$$

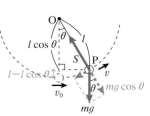

理 重力を 覚 **円の中心方向（半径方向）と垂直な方向に分けて，円の中心方向の運動方程式**を立てると

$$m\frac{v^2}{l}=S-mg\cos\theta$$

$$S=m\frac{v_0^2-2gl(1-\cos\theta)}{l}+mg\cos\theta$$

$$=\frac{mv_0^2}{l}+mg(3\cos\theta-2) \quad 答$$

UNIT 05 さまざまな運動

**Basic**

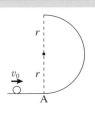

**覚えよう**

### 点A直前までは等速直線運動，直後からは円運動

■ 点Aを境として，小球の運動が等速直線運動から円運動に変わります。
そのため，点Aの直前と直後で立てる式が異なります。

直前：**力のつり合いの式**

直後：**運動方程式**（または遠心力を加えて力のつり合いの式）

## 解説

水平面は摩擦がないので，小球は 覚 **点Aの直前まで等速直
線運動**をします。そのため，小球にはたらく力はつり合ってい
るので，覚 **鉛直方向の力のつり合いより**

$N_1 - mg = 0$ より $N_1 = mg$ 答

小球は 覚 **点Aを通過した直後から円運動**をします。円運動
では円の中心方向の加速度があるので，運動方程式を立てま
す。また点Aを通過した直後の速さも $v_0$ と考えます。垂直抗
力は鉛直上向きなので，覚 **鉛直上向きを正として運動方程式を立てると**

$$m \times \frac{v_0^2}{r} = N_2 - mg$$

$$N_2 = m\left(g + \frac{v_0^2}{r}\right) \quad 答$$

**参考** この結果から，点Aの直前と直後で，垂直抗力の大きさが不連続に（急に）変化するこ
とがわかります。水平面と円筒面がなめらかに接続されているので，垂直抗力も徐々
に変化すると誤解しがちなので注意しましょう。

## Advance

問　Basicの状況で，小球が半円筒面の最高点Bから飛び出すとき，$v_0$はいくら以上であればよいか。重力加速度の大きさを$g$とする。

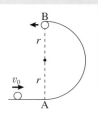

### 理解しよう

### 最高点に達するかどうかは垂直抗力で考える

■　この問題は最高点での速さを0として計算したくなりますが，最高点Bで小球がピタッと静止することはありません。

例えば右図のように，チューブ内を小球が運動する場合は最高点で速さが0になってもおかしくないので，力学的エネルギー保存の法則で求められます。しかし，この問いのように上昇の途中で面から離れることがある場合は，**最高点に達する条件を垂直抗力で考えます。**

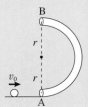

## 解説

最高点Bでの速さを$v_B$とする。力学的エネルギー保存の法則より

$$\frac{1}{2}mv_0^2+mg\times 0=\frac{1}{2}mv_B^2+mg\times 2r \quad \cdots ①$$

最高点Bでの垂直抗力を$N_B$とする。

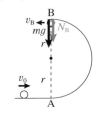

覚　**鉛直下向きを正として運動方程式を立てる**と

$$m\times \frac{v_B^2}{r}=mg+N_B \quad \cdots ②$$

理　**小球が最高点Bから飛び出すためには，Bにおける垂直抗力$N_B \geqq 0$**

であればよいので，①，②式から$v_B$を消去して整理すると

$$N_B=\frac{m\times (v_0^2-4gr)}{r}-mg\geqq 0 \quad より \quad v_0\geqq \sqrt{5gr}$$

よって，小球が最高点Bから飛び出すときの$v_0$は　**$\sqrt{5gr}$ 以上**　答

単 振 動 1

問　ばね定数$k$の軽いばねをなめらかな水平面に置き，一端を壁に固定し，他端に質量$m$の小球を取り付ける。ばねが自然の長さから$d$だけ縮んだ状態になるように小球を動かし，静かにはなすと小球は単振動をした。この単振動の振幅$A$と周期$T$を求めよ。

自然の長さ
$d$

**覚えよう**

### 振動の中心では力がつり合い，振動の端では速さ0

■　単振動の特徴

$a_{max}$　　$a=0$　　$a_{max}$
$v_{max}$
$v=0$　　　　　$v=0$
振幅　　　振幅

|  | 振動の端 | 振動の中心 | 振動の端 |
|---|---|---|---|
| **速さ** | 0 | 最大 | 0 |
| 加速度 | 右向きで大きさ最大 | 0 | 左向きで大きさ最大 |
| **力**<br>（合力） | 右向きで大きさ最大 | 0<br>つり合っている | 左向きで大きさ最大 |

■　ばね振り子の周期：$T=2\pi\sqrt{\dfrac{m}{k}}$

**解説**

自然の長さ
$d$

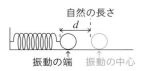

振動の端　振動の中心

　問題文に「静かにはなす」とあるので，速さ0で動き出します。<sup>覚</sup> **速さが0なので，この点が振動の端**になります。

　小球にはたらく水平方向の力はばねの弾性力だけです。<sup>覚</sup> **ばねが自然の長さのとき，小球にはたらく力は0になるので振動の中心**になります。

　よって　振幅$A=d$　答

<sup>覚</sup> **ばね振り子の周期**$T=2\pi\sqrt{\dfrac{m}{k}}$　答

# Advance

問 Basicの状況で小球が単振動をするとき，水平方向右向きを正として$x$軸を取り，ばねが自然の長さのときの小球の位置を原点Oとする。小球にはたらく力，小球の加速度は$x$軸の正の向きを正とする。

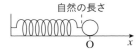
自然の長さ

(1) 小球の位置が$x$のとき，小球の加速度$a$を求めよ。
(2) 単振動の角振動数$\omega$を求めよ。
(3) 単振動の周期$T$を求めよ。

### 理解しよう

## 周期を求める流れを身につけよう

■ 単振動の周期を求めるとき，Basicのようにばね振り子の周期の式からすぐに求めることができる問題もありますが，**入試では周期の式をこの問いのような流れで導き出す問題がよく出題されます。**

■ $x$は正の位置に取ります。そうすると$x$は負のときにも成り立つ式になります。また，加速度も正の向きに取ります。

■ 単振動の加速度：$a = -\omega^2 x$　　　（$\omega$…角振動数）

■ 単振動の周期　：$T = \dfrac{2\pi}{\omega}$

## 解説

(1) 理 **$x$を正の位置にとり，加速度$a$を正の向きにとる**と，運動方程式より

$$ma = -kx$$

$$a = -\frac{k}{m}x \quad \cdots① \quad 答$$

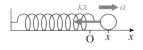

(2) 理 **単振動の加速度$a = -\omega^2 x$と①より**

$$\omega^2 = \frac{k}{m} \quad より \quad \omega = \sqrt{\frac{k}{m}} \quad 答$$

(3) 理 **単振動の周期の式より**

$$T = \frac{2\pi}{\omega} = 2\pi\sqrt{\frac{m}{k}} \quad 答$$

> ばね振り子の周期の式を導くことができました。周期を求める流れは，
> ① 位置$x$のときの運動方程式を立てる
> ② 加速度$a$を求める
> ③ 角振動数$\omega$を求める
> ④ 周期$T$を求める

# 単振動 2

> 問 ばね定数 $k$ の軽いばねをなめらかな水平面に置き，一端を壁に固定し，他端に質量 $m$ の小球を取り付ける。水平方向右向きを正として $x$ 軸を取り，ばねが自然の長さのときの小球の位置を原点 O とする。ばねが自然の長さから $d$ だけ縮んだ状態になるように小球を動かし，静かにはなすと小球は単振動をした。このとき，小球の速さの最大値 $v_M$ と，加速度の大きさの最大値 $a_M$ を求めよ。

自然の長さ

---

**覚えよう**

### 最大値は $\sin \omega t$，$\cos \omega t$ の係数でわかる

■ 単振動の式 ── 変位 ： $x = A \sin \omega t$
　　　　　　　　速度 ： $v = A\omega \cos \omega t$
　　　　　　　　加速度：$a = -A\omega^2 \sin \omega t = -\omega^2 x$

■ $-1 \leqq \sin \omega t \leqq 1$，$-1 \leqq \cos \omega t \leqq 1$ なので，
　速さの最大値：$A\omega$　　　加速度の大きさの最大値：$A\omega^2$

---

## 解説

　速さの最大値は力学的エネルギー保存の法則を用いても求められますが，覚 **加速度の大きさの最大値は $A\omega^2$ から求める**ので，角振動数 $\omega$ を求める必要があります。そのため，覚 **速さの最大値も $A\omega$ で求めます。**

自然の長さ

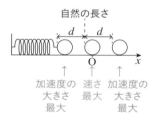

加速度の　　速さ　　加速度の
大きさ　　最大　　大きさ
最大　　　　　　　最大

単振動の周期 $T = \dfrac{2\pi}{\omega}$ と，ばね振り子の周期 $T = 2\pi\sqrt{\dfrac{m}{k}}$ より

$$\omega = \frac{2\pi}{T} = \sqrt{\frac{k}{m}}$$

単振動の振幅 $A$ は Theme43 と同様に $d$ なので

覚 $v_M = A\omega = d\sqrt{\dfrac{k}{m}}$ ，　覚 $a_M = A\omega^2 = \dfrac{dk}{m}$ 答

# Advance

問 Basicの状況で小球が単振動をしているとき，次の変位を$d$，$k$，$m$，$t$を用いて表しなさい。

(1)　小球が原点Oを右向きに通過するときの時刻を$t=0$として，時刻$t$における変位$x_1$

(2)　小球を$x=-d$の位置で静かにはなしたときの時刻を$t=0$として，時刻$t$における変位$x_2$

 理解しよう

### $t=0$の位置で，$\sin \omega t$か$\cos \omega t$かが決まる

■　単振動の式中の$\sin \omega t$，$\cos \omega t$は決まっているわけではなく，**$t=0$の位置で決まります。** グラフをかくと$\sin \omega t$か$\cos \omega t$かがわかります。

## 解説

小球の動きから，$x$-$t$グラフをかきます。

(1)

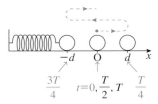 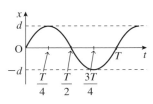

理 **この$x$-$t$グラフは$\sin \omega t$のグラフ**なので，Basicと同様に$\omega=\sqrt{\dfrac{k}{m}}$より

覚 $x_1=d \sin \omega t=d \sin \sqrt{\dfrac{k}{m}}\,t$　答

(2)

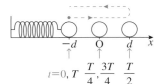 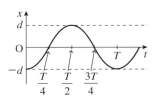

理 **この$x$-$t$グラフは$-\cos \omega t$のグラフ**なので，(1)と同様に

覚 $x_2=-d \cos \omega t=-d \cos \sqrt{\dfrac{k}{m}}\,t$　答

# 単振動 3

## Basic

問 軽いばねの一端を天井に固定し，他端に質量 $m$ の小球を取り付ける。鉛直下向きを正として $x$ 軸を取り，ばねが自然の長さのときの小球の位置を原点 O，小球にはたらく力がつり合う位置を $x_0$ とする。小球を原点 O の位置から静かにはなすと小球は単振動をした。小球が座標 $x$ を通過するときの加速度を $a$（$x$ 軸の向きを正とする）として運動方程式を立てることにより，単振動の角振動数 $\omega$，単振動の周期 $T$ を求めよ。重力加速度の大きさを $g$ とする。

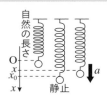

覚えよう

## ばね定数が与えられていないことがあるので注意

### ■ 周期を求める流れ

① 位置が $x$ のときの運動方程式を立てて，加速度 $a$ を求める

② $a = -\omega^2 x$ より，角振動数 $\omega$ を求める

振動の中心が $x = x_0$ のときは，$a = -\omega^2(x-x_0)$ と表すことができます。

③ $T = \dfrac{2\pi}{\omega}$ より，周期 $T$ を求める

> 振動の中心 $x = x_0$ で $a = 0$ になる。

## 解説

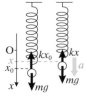

この問題では [覚] **ばね定数が与えられていないので**，ばね定数を $k$ とします。小球の位置が $x_0$ のときの力のつり合いの式を立てると $mg - kx_0 = 0$ より $k = \dfrac{mg}{x_0}$ …①

小球の位置が [覚] **$x$ のときの運動方程式を立てて**①式を代入して変形すると

$$ma = mg - kx = mg - \frac{mg}{x_0}x \quad より \quad a = -\frac{g}{x_0}(x - x_0)$$

この式は振動の中心が $x_0$ で単振動をすることを表しています。

[覚] **単振動の加速度 $a = -\omega^2(x-x_0)$** なので角振動数 $\omega$ は $\omega = \sqrt{\dfrac{g}{x_0}}$ 答

周期 $T$ は [覚] $T = \dfrac{2\pi}{\omega} = 2\pi\sqrt{\dfrac{x_0}{g}}$ 答

# Advance

問　ばね定数kの軽いばねを水平面とのなす
角θのなめらかな斜面に置き，一端を壁に
固定し，他端に質量mの小球を取り付ける。
斜面上向きを正としてx軸を取り，小球に

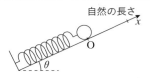

はたらく力がつり合っているときの小球の位置を原点Oとする。ばね
を縮めて，静かにはなすと小球は単振動をした。重力加速度の大きさ
をgとして，次の問いに答えよ。

(1)　小球にはたらく力がつり合っているときのばねの縮みdを求めよ。

(2)　小球の単振動の周期Tを求めよ。

理解しよう

**斜面での単振動でも，ばね振り子の周期は同じ**

■　入試でよく問われる斜面での単振動でも，**周期を求める流れ**は水平面
での単振動と同じです。

## 解説

(1)　x軸方向の力のつり合いの式より

$$kd - mg\sin\theta = 0 \quad より \quad d = \frac{mg\sin\theta}{k} \quad 答$$

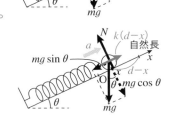

(2)　理 **ばね振り子と同じ流れで周期を求めます。**
小球の座標が 覚 **xのとき加速度をaとして，**
**x軸方向の運動方程式**より

$$ma = k(d-x) - mg\sin\theta$$
$$= k\left(\frac{mg\sin\theta}{k} - x\right) - mg\sin\theta = -kx$$

これより，$a = -\dfrac{k}{m}x$, $\omega = \sqrt{\dfrac{k}{m}}$ と求められ，周期Tは

覚 $T = \dfrac{2\pi}{\omega} = 2\pi\sqrt{\dfrac{m}{k}}$ 答

> Basicの答えは，①式を用いて$x_0$を消去する
> とばね振り子の周期の式 $T = 2\pi\sqrt{\dfrac{m}{k}}$ になり，
> Advanceの結果と同じです。ばね振り子の周
> 期の式はばねがどの向きでも成り立ちます。

単振動 4

**Basic**

問 ばね定数 $k$ の軽いばねの一端を天井に固定し，他端に質量 $m$ の小球を取り付け静止させる。この力のつり合いの位置から小球を鉛直下方に長さ $d$ だけ引き，静かにはなすと小球は単振動をした。小球が力のつり合いの位置を通過するときの速さ $v$ を力学的エネルギー保存の法則を用いて求めよ。重力加速度の大きさを $g$ とする。

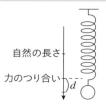

自然の長さ

力のつり合い

$d$

**覚えよう**

### ばねが縦や斜めのときは3つのエネルギーを考える

■ 力学的エネルギーは**3つのエネルギーの和**になります。

・運動エネルギー ： $K=\dfrac{1}{2}mv^2$

・重力による位置エネルギー ： $U=mgh$

・弾性力による位置エネルギー： $U=\dfrac{1}{2}kd^2$

**解説**

力のつり合いの位置でのばねの伸びを $l$，重力による位置エネルギーの基準を最下点とすると，力学的エネルギー保存の法則より

覚 $0+0+\dfrac{1}{2}k(l+d)^2=\dfrac{1}{2}mv^2+mgd+\dfrac{1}{2}kl^2$

$2kld+kd^2-mv^2-2mgd=0$ …①

力のつり合いの位置で力のつり合いの式を立てて

$kl=mg$ より $l=\dfrac{mg}{k}$

①式に代入して整理すると

$2k\times\dfrac{mg}{k}\times d+kd^2-mv^2-2mgd=0$

$$v=d\sqrt{\dfrac{k}{m}} \quad 答$$

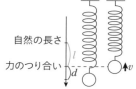

自然の長さ

力のつり合い

$l$

$d$ $v$

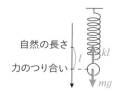

自然の長さ

力のつり合い

$kl$

$l$

$mg$

## Advance

> 問　Basicの問題を，単振動の力学的エネルギー保存則を用いて解け。

理解しよう

### 単振動の力学的エネルギー保存則を使えると便利

■　単振動

物体の変位が$x$のときにはたらく力（合力）$F$が
$F=-Kx$（$K$は正の定数）と表せる（物体にはたら
く力の向きが変位$x$と逆で，大きさが$x$に比例）とき，物体は単振動を
します。$K$は定数ですが，ばねによって単振動をしているときは，ばね
定数$k$が$K$に相当します。

そのため，弾性力による位置エネルギーが$U=\dfrac{1}{2}kx^2$となるのと同様に，

単振動（合力）の位置エネルギーは

$$U=\dfrac{1}{2}Kx^2\quad（x は振動の中心からの変位）$$

■　単振動（合力）の力学的エネルギー保存

単振動の位置エネルギーを用いると，力学的エネルギー保存則は

$$\dfrac{1}{2}mv^2+\dfrac{1}{2}Kx^2=一定$$

ここで，ばねによる単振動のとき，$K$はばね定数$k$，**$x$は振動の中心から
の変位**です。$x$がばねの伸び（縮み）ではないことに注意しましょう。

## 解説

　振動の中心（力のつり合いの位置）からの変位は，
はじめの位置で$d$，速さを求める位置（力のつり合い
の位置）で0なので　理 **単振動の力学的エネルギー
保存の法則**より

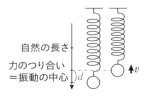

自然の長さ

力のつり合い
＝振動の中心

$$0+\dfrac{1}{2}kd^2=\dfrac{1}{2}mv^2+0\quad より\quad v=d\sqrt{\dfrac{k}{m}}\quad 答$$

参考　ばねが鉛直方向や斜面にあるときの単振動では，単振動の力学的エネルギー保存を使
うと式が簡単になることが多いです。

問 地球を半径$R$の球として，地球の表面における重力加速度の大きさを$g$とする。地表から鉛直方向に$R$の高さの点における重力加速度の大きさ$g'$を$g$を用いて表せ。地球の自転の影響は無視する。

**覚えよう**

## 地表から遠ざかると重力加速度は小さくなる

■ 物体間にはたらく万有引力の大きさ

$$F = G\frac{m_1 m_2}{r^2} \quad （G\cdots 万有引力定数）$$

■ 重力：万有引力＋遠心力

**重力は万有引力と遠心力の合力**ですが，遠心力の大きさは万有引力と比べて小さいので，この問いのように無視することが多いです（自転の影響を無視するというのは，遠心力を無視するという意味）。

## 解説

万有引力定数を$G$，地球の質量を$M$，ある物体の質量を$m$とします。地表と高さ$R$の位置で，この物体にはたらく **覚 重力＝万有引力** という式を立てます。

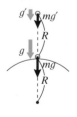

地表で　　$mg = G\dfrac{Mm}{R^2}$ …①

高さ$R$で　$mg' = G\dfrac{Mm}{(2R)^2} = G\dfrac{Mm}{R^2} \times \dfrac{1}{4}$ …②

①を②に代入して

$$mg' = \frac{1}{4}mg \quad より \quad g' = \frac{1}{4}g \quad 答$$

**参考** 宇宙規模で考える場合，重力加速度は高さによって変わるので，等加速度直線運動の公式（$v = v_0 + at$ など）や，重力による位置エネルギーの式（$U = mgh$）は使えません。

# Advance

問 地球の半径を $R$ として，人工衛星が地球の表面すれすれの円軌道（半径 $R$）を回っている。地表における重力加速度の大きさを $g$ として，この人工衛星の速さ $v$ を $R$，$g$ を用いて表せ。地球の自転の影響は無視する。

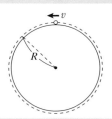

**理解しよう**

## 円運動しているときは運動方程式を立てる

■ 円運動の加速度の大きさ：$a = \dfrac{v^2}{r}$ （運動方程式で用いる）

■ $g$ が与えられているとき，**地表で「重力＝万有引力」という式を立て**て，自分で置いた文字を消去しましょう。

■ 第1宇宙速度
地球の地表すれすれを円運動するときの速さ。

## 解説

人工衛星の質量を $m$，万有引力定数を $G$，地球の質量を $M$ とすると，人工衛星は万有引力を向心力として等速円運動をしているので，理 **運動方程式**は

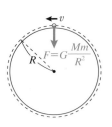

$$m\frac{v^2}{R} = G\frac{Mm}{R^2} \quad \cdots①$$

地表で 覚 **重力＝万有引力**なので

$$mg = G\frac{Mm}{R^2} \quad \cdots②$$

②の右辺は①の右辺と同じなので，代入すると

$$m\frac{v^2}{R} = mg$$

$$v = \sqrt{gR} \quad 答$$

この速さを第1宇宙速度といいます。$g = 9.8\ \mathrm{m/s^2}$，$R = 6400\ \mathrm{km}$ を代入すると第1宇宙速度は約 7.9 km/s となります。

# 万有引力 2

問 　地球の表面から速さ $v$ で鉛直上方に物体を打ち上げた。地球の半径を $R$ とすると，物体は地表から高さ $R$ の地点で速さが $0$ になった。地球の質量を $M$，万有引力定数を $G$ として，打ち上げたときの物体の速さ $v$ を求めよ。地球の自転の影響は無視する。

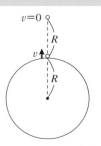

**覚えよう**

## 万有引力による位置エネルギーは負になる

■ 万有引力による位置エネルギー

地球（質量 $M$）の中心から距離 $r$ の地点にある質量 $m$ の物体がもつ万有引力による位置エネルギー $U$ は，無限遠を基準とすると

$$U = -G\frac{Mm}{r}$$

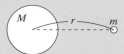

「**無限遠を基準とする**」というのは，はるかかなたの高い（遠い）地点の位置エネルギーを $0$ とするということです。その高さから地球に近づくと，位置エネルギーは減少するのでマイナスになります。

解説

地表と高さ $R$ の地点で力学的ネルギー保存の法則を用いると

　　地表での力学的エネルギー＝高さ $R$ での力学的エネルギー

$$\underset{\substack{\smile}}{\frac{1}{2}mv^2 - G\frac{Mm}{R}} = \underset{\substack{\smile}}{0 - G\frac{Mm}{2R}}$$

> 「力学的エネルギー」は，運動エネルギーと位置エネルギーの和です。

$$\frac{1}{2}mv^2 = G\frac{Mm}{R} - G\frac{Mm}{2R}$$

$$\frac{1}{2}mv^2 = G\frac{Mm}{2R}$$

$$v = \sqrt{\frac{GM}{R}} \quad 答$$

## Advance

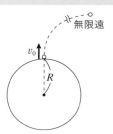

問 　地球の表面から物体を打ち上げる。このとき，物体が無限遠に到達する最小の速さ$v_0$を求めよ。地球の半径を$R$，地表における重力加速度の大きさを$g$とする。地球の自転の影響は無視する。

理解しよう

### 「無限遠」が登場するときはエネルギーを考える

■　万有引力による位置エネルギーの式は，無限遠を基準としているので，**「無限遠に到達する」**や**「地球に戻ってこない」**という表現があるときは，万有引力による位置エネルギーを考えます。

■　第2宇宙速度
地表から飛び出して無限遠に到達（地球から脱出）する最小の速さ。

#### 解説

　地表から無限遠に到達する最小の速さ$v_0$で打ち上げたとき，無限遠に到達したときには速さが0になっています。物体の質量を$m$，万有引力定数を$G$，地球の質量を$M$として，地表と無限遠で 理 **力学的エネルギー保存則を用いる**と

　　地表での力学的エネルギー＝無限遠での力学的エネルギー

覚 $$\frac{1}{2}mv^2 - G\frac{Mm}{R} = 0 + 0$$

$$v = \sqrt{\frac{2GM}{R}} \quad \cdots ①$$

地表で，重力＝万有引力から

$$mg = G\frac{Mm}{R^2} \quad より \quad GM = gR^2 \quad \cdots ②$$

②を①に代入すると

$$v = \sqrt{\frac{2 \cdot gR^2}{R}} = \sqrt{2gR} \quad 答$$

> この速さを第2宇宙速度といいます。
> 第2宇宙速度は約11.2 km/sです。

問　図のように地球のまわりをだ円軌道で周回する物体を考える。地球の中心と，遠地点Pまでの距離を$7r$，近地点Qまでの距離を$r$，物体がPを通過するときの速さを$v$とすると，Qを通過するときの速さ$v_Q$を求めよ。

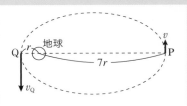

**覚えよう**

### 面積速度は三角形の面積で考える

■　ケプラーの法則

第1法則：惑星は太陽を1つの焦点とするだ円軌道上を運動する。

第2法則：惑星と太陽とを結ぶ線分が一定時間に通過する面積は一定である（面積速度一定の法則）。

第3法則：惑星の公転周期$T$の2乗と軌道だ円の半長軸（長半径の長さ）$a$の3乗の比は，すべての惑星で一定である。

$$\frac{T^2}{a^3} = 一定$$

■　ケプラーの法則は太陽と惑星の間の法則ですが，**地球とそのまわりを回る物体（月や人工衛星）の間でも成り立ちます。**

解説

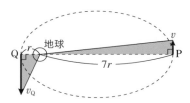

　ケプラーの第2法則は「一定時間」（例えば1時間，1日など）で通過する面積についての法則ですが，ある瞬間を考えるときには，図のような 覚 **三角形の面積が面積速度を表します。** ケプラーの第2法則より

覚 $\dfrac{1}{2} \times 7r \times v = \dfrac{1}{2} \times r \times v_Q$ より　$v_Q = 7v$ 答

# Advance

問　Basicと同じ軌道で周回している物体
Aの周期を$T$とする。地球の中心からの
距離$r$で等速円運動している物体Bの周
期$T_B$を$T$を用いて表せ。

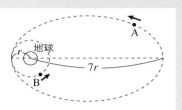

理解しよう

## ケプラーの第3法則は異なる軌道で成り立つ法則

■　ケプラーの第2法則は，**1つの軌道**にお
いて異なる位置で成り立つ法則です。

■　ケプラーの第3法則は，1つの天体のま
わりにおいて**異なる軌道**で成り立つ法則で
す。異なる軌道というのは，入試では，異
なる物体が運動していることもあります
し，1つの物体が途中で軌道を変えるとい
うこともあります。

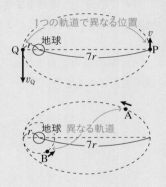

UNIT
05

さまざまな運動

解説

　物体Aのだ円軌道の長軸の長さは

　　$r+7r=8r$

よって，半長軸は$4r$です。物体Bは円運動なの
で，半長軸にあたるのは円の半径$r$となります。

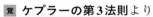

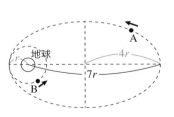

覚　**ケプラーの第3法則**より

　理　$$\frac{T^2}{(4r)^3}=\frac{T_B{}^2}{r^3}$$

よって

　　$$T_B=\sqrt{r^3\times\frac{T^2}{(4r)^3}}=\sqrt{\frac{T^2}{4^3}}=\sqrt{\frac{T^2}{2^6}}=\frac{T}{8}$$　答

# ドローンとドップラー効果

　近年，ドローンの性能が飛躍的に向上しています。飛行時間が長くなり，安定して飛ばすことができるようになりました。

　ドローンは，プログラムによって等速直線運動，等加速度直線運動，等速円運動などの運動をさせることができるので，大学入試でも出題されるようになってきました。

　また，カメラを付けることもできるので，相対速度の問題も出題されます。ドローンの最大の特徴である3次元の動きを利用して，3次元的な相対速度の問題が出題されるかもしれません。

　2021年の東京理科大学の入試では，ドローンを使ったドップラー効果の問題が出題されました。

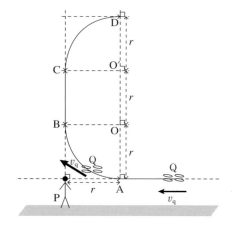

　ドップラー効果に関する問題なので，Theme61，63のような波動の知識が必要です。今後もドローンに関しては，力学だけでなく，別の分野を組合せた問題が登場する可能性が高そうです。

# 波の性質

問　図1は$x$軸上を正の向きに進む
正弦波のある時刻における波形で
ある。

　図2はこの正弦波のある位置の
媒質の変位の時間変化を表したも
のである。

　この波の波長$\lambda$，周期$T$，速さ$v$
を求めよ。

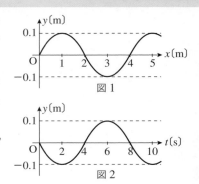

図 1

図 2

### 覚えよう

**$y$-$x$図 は 波 形，　$y$-$t$図 は 媒 質 の 動 き を 表 す**

■　$y$-$x$図（$y$-$x$グラフ）

$y$-$x$図はある時刻の波形を表すため，
**波1つ分は波長**を表します。

■　$y$-$t$図（$y$-$t$グラフ）

$y$-$t$図はある位置における媒質の変位
の様子（ある点がどのように動いた
か）を表すため，**波1つ分は周期**を
表します。

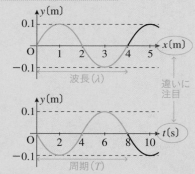

波長（$\lambda$）

周期（$T$）

違いに
注目

■　周期$T$，振動数$f$，速さ$v$，波長$\lambda$の関係

$$f=\frac{1}{T} \quad , \quad v=\frac{\lambda}{T}=f\lambda$$

### 解説

図1は　覚　**$y$-$x$図で波形を表している**ので　$\lambda=4\,\mathrm{m}$　答

図2は　覚　**$y$-$t$図で$x=0$の位置の変位の様子を表している**ので　$T=8\,\mathrm{s}$　答

周期と速さと波長の関係より　覚　$v=\dfrac{\lambda}{T}=\dfrac{4}{8}=0.5\,\mathrm{m/s}$　答

# Advance

問　右図の実線は$x$軸上を正の向きに進む正弦波の時刻$t=0$ sにおける波形である。この正弦波は$t=2$ sに初めて破線の位置に移動した。

(1)　この正弦波の速さ$v$〔m/s〕，周期$T$〔s〕を求めよ。

(2)　この正弦波の$x=20$ mの地点の$t=10$ sにおける変位を求めよ。

**理解しよう**

## 波は波長ごと，周期ごとのくり返し

■　波形を伸ばすと，波長ごとにくり返されているのがわかります。

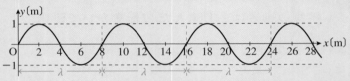

また，時間の経過とともに波は進みますが**1周期の時間がたつと1波長分進む**ので同じ波形になります。

## 解説

(1)　波は等速で進んでいます。山の位置に着目すると，実線の波形から破線の波形までの2 s間に，$4-2=2$ m進んでいるので

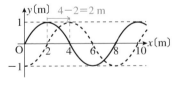

$$v=\frac{2}{2}=\textbf{1 m/s}　答$$

グラフより波長$\lambda=8$ mなので，波の速さと波長と周期の関係より

**覚** $T=\dfrac{\lambda}{v}=\dfrac{8}{1}=\textbf{8 s}$　答

(2)　**理** **20 m＝8 m（波長）×2＋4 mなので，$x=4$ mの変位と同じで，**

**10 s＝8 s（周期）＋2 s$\left(\dfrac{1}{4}$周期$\right)$なので，$\dfrac{1}{4}$周期後の変位と同じです。**これはちょうど破線の波形と同じなので，$x=4$ mの変位は　**1 m**　答

**問** 右図は $x$ 軸上を正の向きに進む正弦
波の時刻 $t=0$ s における波形である。
この波の $x=1$ m および $x=4$ m におけ
る媒質の変位の時間変化を表した $y$-$t$
図は次の**ア**〜**エ**のどれか。ただし，
図中の $T$ は周期を表している。

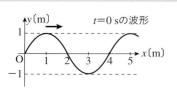

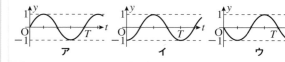

**覚えよう**

## 媒質の動きは少し進んだ波形をかいて確認

波は $x$ 軸の正の向きに進んでいますが，
媒質は $y$ 軸方向に振動しています。媒質
の動きを確認するためには，**少し進んだ
波形をかきます**（右上図）。媒質が $y$ 軸方
向に振動していることを考慮すると，各
媒質の動きは右下図のようになります。

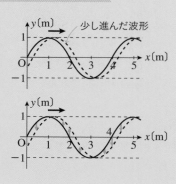

**解説**

$x=1$ m の媒質の $t=0$ s における変位は，$y$-$x$ 図より $y=1$ m です。与えられた
$y$-$x$ 図が $t=0$ s の波形であることより，$t=0$ s のとき $y=1$ m なのは **エ** 答

$x=4$ m の媒質の $t=0$ s における変位は，$y$-$x$ 図より $y=0$ m なので，**ア**か**ウ**に
絞られます。

**覚** **少し進んだ波形をかく**と，$x=4$ m の媒質
は $y$ 軸負の向きに動くことがわかります。

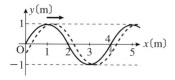

よって，$y$-$t$ 図で $t=0$ s から時間が進んで $y$ 軸
負の向きに動くのは **ウ** 答

# Advance

問　媒質中を正弦波が$x$軸に沿って進行している。図1は時刻$t=0$ sにおける媒質の各位置での変位を，図2は位置$x=0$ mでの変位の時間変化を表している。

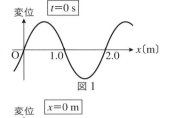

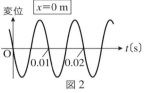

(1)　この正弦波の振動数を次から選べ。
　　　100 Hz，200 Hz，400 Hz

(2)　この正弦波の進む向きは，$x$軸の正の向きか，負の向きか。　（センター試験）

理解しよう

## $y$-$x$図で，波は左右に，媒質は上下に動く

■　正弦波の進む向きを求めたいので，正の向き，負の向きの2つの場合について$y$-$x$図を**少し進んだ波形をかきましょう**。

## 解説

(1)　図2からこの正弦波の周期$T=0.01$ sと読み取ることができます。よって，この正弦波の振動数$f$〔Hz〕は　$f=\dfrac{1}{T}=\dfrac{1}{0.01}=\mathbf{100\ Hz}$　答

(2)　図1の　覚 **$y$-$x$図を正方向，負方向に少し進んだ図をかきます。**

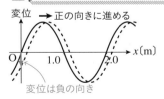

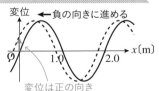

$x=0$ mの変位は　理 **正弦波が$x$軸の正の向きに動くと負の向きに，正弦波が$x$軸の負の向きに動くと正の向き**に動くことがわかります。

　図2より少し時間が経つと，$x=0$ mでの変位は負となるので，上図より，正弦波の進む向きは　**正の向き**　答

**Basic**

問　右図は$x$軸上を正の向きに進む縦波の媒質
の変位を$y$軸に取り，横波のように表したも
のである。最も密な点，および最も疎な点
は図のA〜Dのうちどれか。

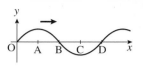

**覚えよう**

### 右下がりの点は密，右上がりの点は疎

　縦波で媒質の疎密を考えるときは，媒質を
もとの縦波の変位に戻して考えます。例えば
点Aは$y$軸の正の向きに変位していますが，
縦波に戻すと$x$軸の正の向きに変位している

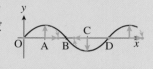

ことになります。また点Cを縦波に戻すと$x$軸の負の向きに変位してい
ることになります。

　A〜Dの点だけではなく，その間にある媒質
についても同様に考えると，$x$軸より上に変位
している媒質は右に，$x$軸より下に変位してい
る媒質は左に変位しています。

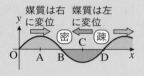

　このように見ていくと，点Bには左右から媒質が集まってきているの
で点Bは「**密**」になります。また媒質は，点Dから左右に遠ざかっってい
るので点Dは「**疎**」になります。

　このように考えると，一般に縦波を横波のように表した場合，「**右下
がりの点は密，右上がりの点は疎**」になります。これは波の進行方向と
は無関係に成り立ちます。

解説

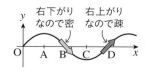

$y$-$x$図では，覚 **右下がりの点が密，右上がりの点が疎**なので，
　　最も密な点　**B**　，最も疎な点　**D**　答

# Advance

問　図は$x$軸上を正の向きに進む縦波の媒質の
変位を$y$軸に取り，横波のように表したもの
である。次の状態の媒質の点はA〜Dのうち
どれか。

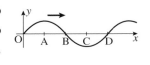

(1)　媒質の速さが0　　　　(2)　媒質の速さが最大

(3)　媒質の速さが$x$軸の正の向きに最大

理解しよう

## 縦波でも少し進んだ波形をかこう

■　波は等速で動いていますが，媒質の各点は単振動をしています。つま
り，媒質は速くなったり遅くなったりしていて，ちょうど山の位置や谷
の位置になったときに速さが0になります。

　　また，$x$軸を横切るとき（$y$座標が0のとき）に速さは最大となります。

■　横波表示で$y$軸の正方向の変位は，縦波では$x$軸の正方向の変位です。
速度の向きについても同様に，横波表示で$y$軸の正方向の速度は，縦波
では$x$軸の正方向の速度になります。

| 横波表示 | | 縦波 |
|---|---|---|
| $y$軸の正方向の**変位** | → | $x$軸の正方向の**変位** |
| $y$軸の正方向の**速度** | → | $x$軸の正方向の**速度** |

## 解説

(1)　横波で 理 **速さが0の点は山と谷の位置**ですが，これは縦波でも同じです。
　　よって，媒質の速さが0の点は　**A，C**　答

(2)　横波で 理 **速さが最大の点は$x$軸と交わる位置**
ですが，これは縦波でも同じです。

　　よって，媒質の速さが最大の点は　**B，D**　答

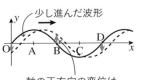

少し進んだ波形

$y$軸の正方向の変位は
縦波では$x$軸の正方向

(3)　右図のように 理 **少し進んだ波形をかくと，**
(2)の答えのB，Dのうち，$x$軸の正の向きに動いて
いるのは 覚 **$y$軸の正の向きに動いている**　**B**　答

## Basic

問 $x$軸上を正の向きに速さ$v$〔m/s〕で進む正弦波がある。図は$t=0$〔s〕における波形であり，周期は$T$〔s〕である。

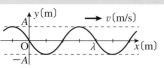

(1) 原点の媒質の時刻$t$〔s〕における変位$y$〔m〕を式で表せ。
(2) 正弦波の式を導け。

**覚えよう**

### 正弦波の式を導出できるようになろう

■ **正弦波の式**〈正の向きに進む場合〉

$$y = A\sin\frac{2\pi}{T}\left(t - \frac{x}{v}\right) = A\sin 2\pi\left(\frac{t}{T} - \frac{x}{\lambda}\right)$$

負の向きに進む場合は（　）内の－符号を＋にします

$y$〔m〕…媒質の変位　　$A$〔m〕…振幅　　　　$t$〔s〕…時刻
$x$〔m〕…媒質の位置　　$v$〔m/s〕…波の速さ　$\lambda$〔m〕…波長

## 解説

(1) 図1のように波を少し進めた波形をかくと，原点の媒質は＋$y$方向に動くので原点の$y$-$t$図をかくと図2のようになります。ここで媒質は単振動をしているので，角振動数を$\omega$〔rad/s〕とすると，$y = A\sin\omega t$と表すことができます。

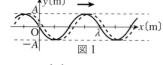

図1

$\omega = \dfrac{2\pi}{T}$なので　$y = A\sin\dfrac{2\pi}{T}t$〔m〕…① 答

図2

(2) 位置$x$〔m〕には原点の振動が$\dfrac{x}{v}$〔s〕だけ遅れてきます。つまり，

時刻$t$〔s〕における位置$x$の振動と，時刻$t - \dfrac{x}{v}$〔s〕における原点の振動は同じということになります。①式にこの時刻を代入して

覚 $y = A\sin\dfrac{2\pi}{T}\left(t - \dfrac{x}{v}\right) = A\sin 2\pi\left(\dfrac{t}{T} - \dfrac{x}{Tv}\right) = A\sin 2\pi\left(\dfrac{t}{T} - \dfrac{x}{\lambda}\right)$ 答

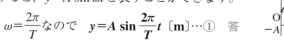

**参考** 正弦波の式の導出の流れ

①原点の振動を式で表す　②位置$x$の振動は原点の振動から$\dfrac{x}{v}$だけ遅れることを式で表す

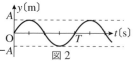

# Advance

問　$x$軸上を正の向きに速さ2 m/sで進む
正弦波がある。図は$x=0$の媒質の時刻
$t$〔s〕における媒質の変位$y$〔m〕の関係を
表している。

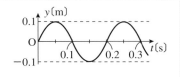

(1)　この正弦波の$t=0$のときの$y$-$x$図（$0≦x≦0.4$ mの範囲）をかけ。

(2)　座標$x$の点の媒質の時刻$t$における変位$y$を表す式をかけ。

理解しよう

**原点を通る正弦波のグラフは，sinまたは$-$sin**

■　原点を通る正弦波のグラフは無数にあるように思うかもしれません
が，$y=A\sin x$か$y=-A\sin x$の2つのグラフしかありません。

## 解説

(1)　与えられた$y$-$t$図から周期$T=0.2$ sと読み取れるので，波長は

$\lambda=Tv=0.2\times2=0.4$ m　$t=0$のとき，$y=0$なので$y$-$x$図は原点を通り

理 **図$\boxed{A}$ $y=A\sin x$，図$\boxed{B}$ $y=-A\sin x$の2択**になります。

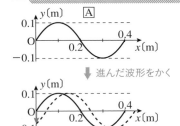

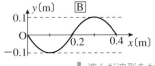

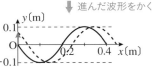

与えられた$y$-$t$図より，$x=0$の媒質は少し時間がたつと$y$軸の正の向きに変位
するので，この条件を満たしているのは　$\boxed{B}$の図　答

(2)　$x=0$の媒質の時間変化の式は$y$-$t$図より　覚 $y=0.1\sin\dfrac{2\pi}{0.2}t$　と表せます。

覚 **座標$x$では$\dfrac{x}{2}$〔s〕だけ遅れて単振動する**ので

$$y=0.1\sin\frac{2\pi}{0.2}\left(t-\frac{x}{2}\right)=\mathbf{0.1\sin10\pi\left(t-\frac{x}{2}\right)}$$　答

# Theme 54　定在波（定常波）

**Basic**

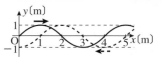

問　振幅，波長，速さの等しい2つの正
弦波があり，図のように実線の波は$x$軸
の正の向きに，破線の波は$x$軸の負の向
きに進んでいる。この2つの正弦波が重なって定在波ができるとき，
定在波の腹の位置の$x$座標と腹の位置での媒質の振幅を求めよ。ただ
し，$0 < x < 5$の範囲とする。

**覚えよう**

### 定 在 波 は 逆 向 き に 進 む 2 つ の 波 が 重 な っ て で き る

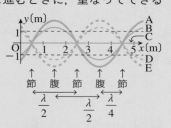

■　同じ波形，同じ速さの正弦波が逆向きに進むときに，重なってできる
のが定在波です。2つの進行波が重なっ
てできますが，定在波はその位置で振動
しているように見えます。
定在波は右の図のように表すことがあり
ますが，ある時刻を見てみると正弦波に
なっています。例えばAの正弦波ののち，
時間の経過で，**A→B→C→D→E→D→C→B→A**　という変化をく
り返します。Cのように，すべての媒質の変位が0の時刻もあります。

■　定在波の媒質が最も激しく振動する点を腹，振動しない点を節といい
ます。腹と腹，節と節の間隔は**半波長**で，腹と節の間隔は$\dfrac{1}{4}$**波長**です。

また，腹の位置での媒質の振幅は，元の進行波の振幅の**2倍**です。

## 解説

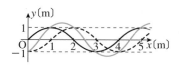

　与えられた2つの波を重ね合わせると，右図
の色線のようになり，この後 覚えよう の図のよ
うに変化します。覚 **腹の位置は変位が最大の
点なので**　$x = 1.5\,\text{m}$，$3.5\,\text{m}$　答
　また元の進行波の振幅は1mで，ある時刻での実線の山と破線の山が重なっ
たとき，腹となります。覚 **腹の位置での媒質の振幅は2倍より**　**2 m**　答

# Advance

問 振幅，波長，速さの等しい2つの正弦波があり，右図のように実線の波は$x$軸の正の向きに，破線の波は$x$軸の負の向きに進んでいる。

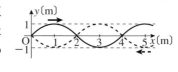

(1) 2つの正弦波が重なって定在波ができるとき，定在波の腹の位置の$x$座標を求めよ。ただし，$0<x<5$の範囲とする。

(2) $x=2$ m，および$x=3$ mの媒質の振幅は何mか。

理解しよう

## 少し進んだ波形で合成波をかこう

■ 問題の図を見ると，腹の位置が1 mと3 m，節の位置が2 mと4 mの定在波のように見えますが，この波は**進行波**です。2つの進行波の合成波をかくと，右図の青線のように，すべての点の変位が0となり，腹の位置，節の位置はわかりません。そこで，**少し進んだ波形をかきます。**$\dfrac{1}{4}$周期$\left(\dfrac{1}{4}$波長$\right)$進んだ波形にすると，合成波がかきやすいです。

## 解説

(1) 2つの進行波をそれぞれ 理 $\dfrac{1}{4}$**周期進んだ波形をかく**と右上図のようになり，この時刻では同じ波形になります。この2つの波を重ね合わせると，右下図の青い波形になり，覚 **定在波の腹の位置は変位が最大。**よって
$$x=2\,\text{m}，4\,\text{m}\quad 答$$

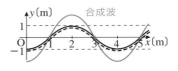

(2) $x=2$ mは腹なので，この点での 覚 **媒質の振幅は，元の進行波の振幅1 mの2倍になるので　2 m**　答

$x=3$ mは節なので，媒質は振動しないため，振幅は　**0 m**　答

# 自由端反射と固定端反射

**Basic**

図のように右に進む正弦波（入射波）が
反射面で反射する。次の(1)と(2)の場合につ
いて，反射波と合成波の波形をかけ。

(1) 反射面で自由端反射をする場合

(2) 反射面で固定端反射をする場合

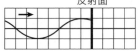

**覚えよう**

## 固定端反射では，上下反転させる作業が加わる

■ 波が反射するとき，**自由端反射**と**固定端反射**の2種類があり，違いは
固定端反射には「②上下に反転させる」という作業が加わることです。

| 自由端反射 | 固定端反射 | |
|---|---|---|
| ①反射面がないとして波形をかく | ①反射面がないとして波形をかく | |
| | ②上下に反転させる | |
| ②左に折り返す（反射波） | ③左に折り返す（反射波） | |
| ③入射波と反射波を重ね合わせる（合成波） | ④入射波と反射波を重ね合わせる（合成波） | |

## 解説

反射波の作図は，まず，反射面がないものとして波形をかきます。

(1) 自由端反射では，かいた波形を左に折り返します。

(2) 覚 **固定端反射では上下に反転させて**から，左に折り返します。

それぞれ，左に折り返した波が反射波の波形です。

最後に，入射波と反射波を重ね合わせて合成波をかきます。

(1) 自由端反射　③入射波と重ね合わせる**(合成波)**

②左に折り返す**(反射波)**　①反射面がないとして波形をかく

答

(2) 固定端反射　④入射波と重ね合わせる**(合成波)**　②上下に反転する

③左に折り返す**(反射波)**　①反射面がないとして波形をかく

答

# Advance

問 図のように右に進む正弦波（入射波）が反射面で反射する。入射波と反射波によってできる合成波は定在波（定常波）となる。次の(1)と(2)の場合について，腹となる点と節になる点を図中の点a〜dからすべて選べ。

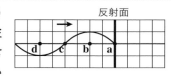

(1) 反射面で自由端反射をする場合

(2) 反射面で固定端反射をする場合

理解しよう

## 自由端は腹，固定端は節になる

■ 入射波と反射波は同じ波が逆向きに進むことになるので，重なり合って**定在波**になります。

## 解説

少し時間を進めて 覚 **作図**をします。

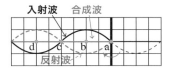

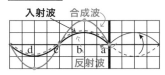

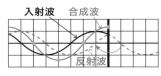

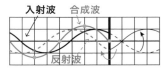

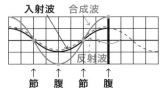

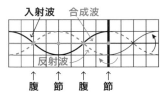

↑　↑　↑　↑　　　　　　　↑　↑　↑　↑
節　腹　節　腹　　　　　　腹　節　腹　節

理 **反射端のaは，常に自由端では腹，固定端では節となる**のがわかります。

(1) **腹a, c　節b, d** 答　　　(2) **腹b, d　節a, c** 答

# 水面波の干渉

問 図のように，水面上で4.5 cm離れた2点A，Bが同位相で振動して波長2.0 cmの波を出している。図の実線はこれらの波のある瞬間での山を，破線は谷を表している。図中の点C～Fのなかで，2つの波が強め合って大きく振動している点をすべて選びなさい。ただし，水面波の減衰は考えないものとする。

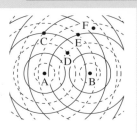

**覚えよう**

## 強め合う点（弱め合う点）を結ぶと双曲線になる

■ 波の干渉：複数の波が重なり合って，強め合ったり弱め合ったりする現象。2つの波源$S_1$，$S_2$から同位相で波長$\lambda$の波が出ているとき，図中の任意の点Pの干渉条件は，$m=0$，1，2，…として

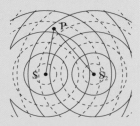

強め合う：$|\overline{S_1P} - \overline{S_2P}| = m\lambda = 2m \times \dfrac{\lambda}{2}$ …①

弱め合う：$|\overline{S_1P} - \overline{S_2P}| = \left(m + \dfrac{1}{2}\right)\lambda = (2m+1) \times \dfrac{\lambda}{2}$ …②

$S_1$と$S_2$から逆位相の波が出る場合は条件が入れ替わります

## 解説

①式，②式を満たす点を連ねると右赤線のように 覚 **実線は強め合う線，破線は弱め合う線**になります。図中の数値は①式，②式に対応する$m$の値です。この図より点Cは 覚 **山と山が重なり合って強め合う点**，点Dは 覚 **谷と谷が重なり合って強め合う点**です。点Fはこの図の瞬間は山でも谷でもない点ですが，$\dfrac{1}{4}$周

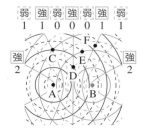

期後には**山と山が重なり合うので強め合う点**となります。点Eは**山と谷が重なり合って弱め合う点**となります。よって，強め合う点は　**C，D，F**　答

## Advance

問　Basicと同様の設定で

(1) 点Aからの距離が3.0cm，点Bからの距
離が6.0cmの水面上の点Pはどのような振
動をするか。

(2) 線分AB上で定在波の節はいくつか。

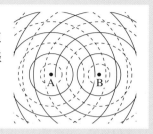

 理解しよう

### 波源ABを結ぶ線分上には定在波ができる

■　線分AB上では左右からの波が重なり合うため定在波ができます。こ
のときはじめに線分ABの中点に着目します。A，Bから出る波が同位相
か逆位相かによって，線分ABの中点が腹か節かを判断します。

　A，Bから出る波が**同位相**のとき，中点は**腹**

　A，Bから出る波が**逆位相**のとき，中点は**節**

※波源であるA，Bが腹になるのか，節になるのか，どちらでもないの
かは中点からの距離で決まります。

## 解説

(1) 波長が$\lambda=2.0$cmで，点Aからの距離と点Bからの距離の差は

$$\boxed{\text{覚}}\quad |AP-BP|=|3.0-6.0|=3.0\,\text{cm}=\left(1+\frac{1}{2}\right)\lambda$$

これは弱め合う条件（Basicの②式）を満たしています。

**よって，点Pは弱め合って振動しない**　答

(2) 節の数はBasicの解説の図からもわかりま
すが，ここでは線分ABの断面図から考えま
す。線分AB間には定在波ができており，点
Aと点Bは同位相で振動しているので，

　$\boxed{\text{理}}$ **中点は定在波の腹**になります。波長$\lambda$が
2.0cmであることを考慮して中点から波形

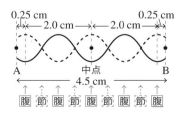

を左右に伸ばします。AB間の距離は4.5cmなので，図より，**線分AB上の
節の数は4**　答

## プラチナバンドって？

　スマートフォンで使われている電波の波長はどのくらいか知っていますか？

　スマートフォンにはおよそ20 cm前後の電波が使われていますが，波長が長いほど建物などの障害物があっても回折しやすいので，電波が回り込んで通信できるエリアが広くなります。

　そのため，携帯電話に使われる波長が長い電波をプラチナバンドと呼んでいます。

　一方，波長が短い電波は回折しにくく，どうしても電波が届くエリアが狭くなりますが，通信できるデータ量が多くなるので，高速通信に利用されます。波長が数mmのミリ波は普及していくと思われますが，可視光線の波長に近くなって性質も似てくるので，入試問題としても光分野の問題と対応して，広がっていくかもしれません。

　Theme50，53の波の性質に関する知識だけでなく，Theme71などの回折の知識も必要です。広く知識を問うてくる問題にも対応できるように，穴をつくらないような学習を心がけましょう。

音

問 図のように弦の一端を振動装置に，他端をおもりに固定して滑車を通しておもりをつるした。振動装置を $2.0 \times 10^2$ Hz で振動させたところ，弦には腹が2個の定在波が生じた。弦の振動部分の長さを1.2 mとして，次の問いに答えよ。

(1) 弦を伝わる横波の速さを求めよ。

(2) 振動装置の振動数を変えたところ，弦には腹が3個の定在波が生じた。このときの弦の振動数を求めよ。

覚えよう

### 弦 の 振 動 の 様 子 を 図 に か い て 波 長 を 求 め よ う

■ 振動装置により弦には横波が伝わります。この横波が振動部分の両端で反射をして何度も往復し，ちょうど**両端が節**になる振動数のとき，定在波となります。振動源は振動していますが，定在波の**節**となります。

■ 問題文に従って弦に生じる定在波の様子を図にかくことで，波長を求めることができます。

定在波

←── 波長 ──→

解説

(1) 腹が2個の定在波が生じているので，ちょうど両端の長さ1.2 mが波長になります。振動数は $2.0 \times 10^2$ Hz なので，弦を伝わる横波の速さを $v$〔m/s〕とすると，$v = f\lambda$ を用いて

$$v = 2.0 \times 10^2 \times 1.2 = \mathbf{2.4 \times 10^2 \ m/s} \quad 答$$

(2) 覚 **腹が3個の弦の振動の様子を図にかくと**

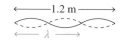

波長 $\lambda = 1.2 \times \dfrac{2}{3} = 0.80$ m

弦の振動数を $f$〔Hz〕とすると，$v = f\lambda$ を用いて

$$f = \frac{v}{\lambda} = \frac{2.4 \times 10^2}{0.80} = \mathbf{3.0 \times 10^2 \ Hz} \quad 答$$

# Advance

問 Basicの設定で，おもりの代わりに水の入った容器をつるした。振動装置を$2.0×10^2$ Hzで振動させたところ，弦には腹が3個の定在波が生じた。

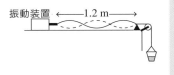

この状態から容器に少しずつ水を加えていったところ弦には定在波が生じなくなったが，やがて水がある量になったとき再び弦に定在波が生じた。このときの弦の張力の大きさははじめの何倍か。

理解しよう

## 弦を伝わる横波の速さは，張力と線密度で決まる

■ 弦を伝わる横波の速さ$v$[m/s]：$v=\sqrt{\dfrac{S}{\rho}}$

$S$…弦の張力[N]，$\rho$…線密度[kg/m]（単位長さあたりの質量）

## 解説

はじめ，弦は腹が3個の定在波ですが，弦の張力$S$が大きくなると波長$\lambda$が大きくなり，次に定在波が生じるのは腹が2個のときです。覚 これを作図します。

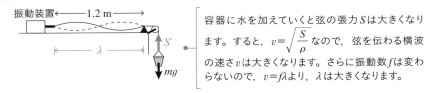

容器に水を加えていくと弦の張力$S$は大きくなります。すると，$v=\sqrt{\dfrac{S}{\rho}}$なので，弦を伝わる横波の速さ$v$は大きくなります。さらに振動数$f$は変わらないので，$v=f\lambda$より，$\lambda$は大きくなります。

はじめの弦の張力の大きさを$S$[N]，次に定在波ができたときの弦の張力の大きさを$S'$[N]，弦の線密度を$\rho$[kg/m]として，$v=f\lambda$の状況に当てはめると

理 $\sqrt{\dfrac{S}{\rho}}=2.0×10^2×0.80$ …① $\sqrt{\dfrac{S'}{\rho}}=2.0×10^2×1.2$ …②

②÷①より $\sqrt{\dfrac{S'}{S}}=\dfrac{\sqrt{\dfrac{S'}{\rho}}}{\sqrt{\dfrac{S}{\rho}}}=\dfrac{2.0×10^2×1.2}{2.0×10^2×0.80}=\dfrac{3}{2}$ よって $\dfrac{S'}{S}=\dfrac{9}{4}$倍 答

# 気柱の振動 1

> 問　図のように長さが12.0 cmの閉管の前に置いた
> スピーカーの振動数を0からしだいに大きくして
> いく。音の速さを336 m/sとし，開口端補正は無
> 視する。
>
>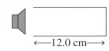
>
> (1)　1回目の共鳴が起こったときの振動数を求めよ。
> (2)　2回目の共鳴が起こったときの振動数を求めよ。

覚えよう

## 気柱の振動の様子を図にかいて波長を求めよう

■　共鳴しているときには**定在波**が生じています。このとき，開いている
管口は**腹**，閉じているほうは**節**になっています。

腹　基本振動　節　　　　腹　3倍振動　節　　　　腹　5倍振動　節

## 解説

(1)　振動数を0から大きくしていくと，音の速さは変わらない
ので，$v=f\lambda$より波長が短くなっていきます。このことから，
1回目の共鳴は基本振動であることがわかります。覚 **図を**

**かくと右図のようになり**，この4倍が1波長になるので波長を$\lambda_1$〔m〕とすると
$$\lambda_1=0.12\times4=0.48 \text{ m}$$
$v=f\lambda$なので，このときの振動数を$f_1$〔Hz〕とすると

$$f_1=\frac{v}{\lambda_1}=\frac{336}{0.48}=\textbf{700 Hz}　答$$

(2)　さらに振動数を大きくしていくと波長が短くなるので
次に共鳴するのは3倍振動になることがわかります。(1)と同
様に覚 **図をかくと右図のようになり**，この波長を$\lambda_2$〔m〕，こ

のときの振動数を$f_2$〔Hz〕とすると　$\lambda_2=0.12\times\dfrac{4}{3}=0.16 \text{ m}$

$$v=f\lambda　より　f_2=\frac{v}{\lambda_2}=\frac{336}{0.16}=2100=\textbf{2.10}\times\textbf{10}^\textbf{3} \textbf{ Hz}　答$$

# Advance

問 図のように長い管の中にピストンをはめこ
む。管口に置いたスピーカーから一定の振動
数の音を出しながらピストンを管口Oから図
の右向きに引いていくと，OA＝11 cm，OB＝36 cmの2か所で気柱
が共鳴した。音の速さを340 m/sとすると開口端補正は何cmか。

**理解しよう**

### 定在波の腹は管口よりも少し外側

■ 気柱にできる定在波の腹の位置は管口よりも少
し外側にあって，その腹の位置と管口の間の長さ
を**開口端補正**といいます。

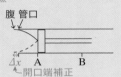

## 解説

　ピストンを管口から動かしてAに来たときはじめて共
鳴するので，Aでは基本振動が生じています。そのため
覚 **図1のような定在波**になります。Basicでは，この管口
からの距離を4倍して波長としましたが，ここでは 理 **開
口端補正を考慮する必要がある**ため波長とはなりません。

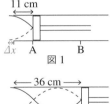

図1

　そこで2つ目の共鳴ポイントBにピストンがあるとき
を考えると，音の振動数は変わっていないので波長も変
わりません。そのため，このときは3倍振動となり，覚 **図
2のような定在波**ができます。開口端補正は変わらないの

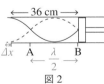

図2

で，図のAB間の距離が波長の$\frac{1}{2}$になります。波長を$\lambda$〔cm〕とすると

$$\frac{\lambda}{2}=36-11=25　より　\lambda=50 \text{ cm}$$

　ここで開口端補正を$\Delta x$〔cm〕とすると，図1で$11+\Delta x$〔cm〕を4倍すると波長
になるので

$$50=(11+\Delta x)\times 4　より　\Delta x=\textbf{1.5 cm}　答$$

# Theme
# 59　気柱の振動 2

## Basic

問　長さが変えられる開管があり，管口の前
においたスピーカーから一定の振動数の音
を出す。はじめ，管の長さが58 cmのとき
共鳴しており，管の長さを長くしていくと
78 cmで次の共鳴が起こった。スピーカー
から出ている音の振動数を求めよ。ただし音の速さを340 m/sとする。

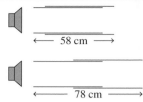

58 cm

78 cm

覚えよう

👆 **開管でも気柱の振動の様子をかいて波長を求める**

■　開管は両端が開いているので，共鳴が起こっているとき，管口はどち
らも定在波の腹となります。開口端補正を考える場合は，**両端とも考え
る**必要があります。

腹　基本振動　腹

腹　2倍振動　腹

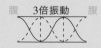
腹　3倍振動　腹

## 解説

　はじめに，気柱にできる 覚 定在波の様子を図に
かくことを考えます。

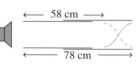
58 cm
78 cm

　58 cmから78 cmに管を長くした結果，次の共鳴が起こったことから，
78－58＝20 cmのところに半波長分が入ります。これは開口端補正があっても
なくても同じです。よって波長λ[m]は

$$\frac{1}{2}\lambda=20 \quad より \quad \lambda=40 \text{ cm}=0.40 \text{ m}$$

　覚 この定在波の様子をかくと右図のようにな
り，開口端補正が左右とも 1 cmあるとすると
58 cmのときは 3 倍振動，78 cmのときは 4 倍振
動となります。

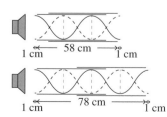
1 cm　58 cm　1 cm
1 cm　78 cm　1 cm

　よって振動数 $f$ [Hz]は，$v=f\lambda$ より

$$f=\frac{v}{\lambda}=\frac{340}{0.40}=\textbf{8.5}\times\textbf{10}^2 \textbf{ Hz} \quad 答$$

## Advance

問　図のように長さ63 cmの閉管があり，管口
の前に置いたおんさから一定の振動数の音を
出したところ，3倍振動が生じた。このとき，
閉管内の空気の密度変化が最も大きな点は，管口から何cmのところ
にあるか。ただし，開口端補正は無視できるものとする。

 理解しよう

### 密 度 変 化 が 最 大 の 点 は 定 在 波 の 節 の 位 置

■　共鳴しているときの管内の空気の密度（圧力）は場所によって異なり
ますが，時刻によって密度が変化する位置と変化しない位置があります。
時刻によって変わるので3倍振動の定在波の様子をかいて，その波形を
実線の時刻と破線の時刻に分けます。

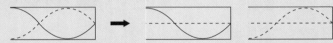

音は縦波なので，Theme52「横波と縦波」でも学習したように，右下が
りの点は密に，右上がりの点は疎になります。

この2つの時刻を比較すると，**定在波の節の点は密になったり疎になっ
たりしているので，密度変化が最大**です。腹の位置は他の時刻も含めて，
密度は変化していません。

## 解説

　理 **密度変化が最大の点は定在波の節の位置**で，覚 **3倍振
動している様子を図にかく**と，節は2か所です。管口に近
い節の位置は63÷3＝21 cmで，もう1つは管の底です。

　よって　**21 cm，63 cm**　答

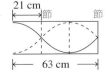

# ドップラー効果1

## Basic

問　図は小球を5.0 cm/sの速さでx軸上を動かしながら，0.20秒間隔で静かな水面に触れて水面波を発生させたときの，ある時刻の水面の様子で，小球がAで水面に触れたときの波面がa，またB〜D，b〜dも同様である。この時刻に小球はEにあり，各円の半径は図のとおりである。

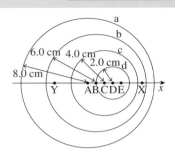

(1)　水面波の進む速さは何cm/sか。

(2)　図のXで観測される水面波の波長は何cmか。

**覚えよう**

## 波の速さは波源が動いていても変わらない

■　図の4つの円は波面を表しているので円と円の間隔が波長となり，

・波源の**進行方向**→波長は短い

・波源の**進行方向と反対側**→波長は長い

■　波源の進行方向であれば円と円の間隔はどこでも同じなので，波長はどこも同じです（反対側も同様）。

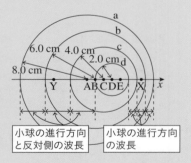

小球の進行方向と反対側の波長　　小球の進行方向の波長

## 解説

(1)　波源がAからBまで進むのに0.20秒かかり，その間に波は8.0−6.0＝2.0 cm進むので，波の速さは **覚** **どの向きにも同じで**

$$2.0 \text{ cm} \div 0.20 \text{ s} = \textbf{10 cm/s} \quad \text{答}$$

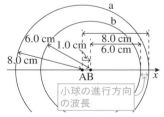

小球の進行方向の波長

(2)　小球の速さは5.0 cm/sなので0.20秒間で1.0 cm進みます。よって，aとbだけ抜き出すと図のようになるのでXにおける波長は **覚** **波源の進行方向であればどこでも**　$8.0 − (1.0 + 6.0) = \textbf{1.0 cm}$　答

## Advance

問 Basicと同様の状況において，

(1) 図のYで観測される水面波の波長
は何cmか。

(2) 図のXで観測される水面波の振動
数は何Hzか。

(3) 図のYで観測される水面波の振動
数は何Hzか。

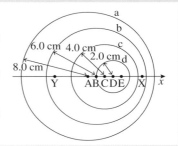

**理解しよう**

## 波長と振動数は波源の進行方向と反対側で違う

■ 振動数は$v=f\lambda$を用いて求めます

波の速さが一定なので，$v=f\lambda$の関係を考慮すると波長と振動数は反比
例の関係になります。まとめると次のようになります。

<波源が静止しているときとの比較>

|  | 波源の**進行方向** | 波源の**進行方向と反対側** |
|---|---|---|
| 波の速さ | 同じ | 同じ |
| 波長 | 短くなる | 長くなる |
| 振動数 | 大きくなる | 小さくなる |

## 解説

(1) Basicの(2)と同様にaとbだけ抜き出すと右
図のようになるので，Yにおける波長は

覚 **波源の進行方向と反対側ならどこでも同じで**

$(8.0+1.0)-6.0=\textbf{3.0 cm}$　答

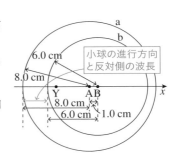

小球の進行方向
と反対側の波長

(2) 波の速さは10 cm/sであり，波源の進行方向
の波長は1.0 cmなので振動数$f_1$〔Hz〕は

理 $v=f\lambda$**を用いて**　$f_1=\dfrac{10}{1.0}=\textbf{10 Hz}$　答

(3) $f_1$と同様に，求める振動数$f_2$〔Hz〕は 理 $v=f\lambda$**を用いて**

$f_2=\dfrac{10}{3.0}=3.33\cdots\fallingdotseq\textbf{3.3 Hz}$　答

# Theme 61 ドップラー効果 2

## Basic

> **問** 一定の振動数 $f_0$ の音を出しながら,図の右向きに一定の速
> さ $v_S$ で動いている音源がある。音速を $V$ とし風は吹いていな
> いものとする。
>
> (1) 音源が時刻 0 で出した音が,時刻 $t$ で達する距離を求めよ。
> (2) 音源がこの間に進む距離を求めよ。
> (3) 音源がこの間に出した波の数（波長 1 つ分を 1 とする）を求めよ。
> (4) 音源の進行方向（図の右向き）で観測される波長を求めよ。

**覚えよう**

## 音の速さは音源が動いても変わらない

■ 波の数 $N$ の求め方

① 振動数 $f$ の波を時間 $t$ だけ出した（受け取った）とき：$N = f \times t$

② 距離 $L$ の中に波長 $\lambda$ の波が入っているとき：$N = \dfrac{L}{\lambda}$

■ 音源の進行方向の波長：$\lambda = \dfrac{V - v_S}{f_0}$

## 解説

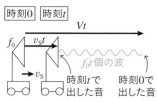

(1) Theme60 の Basic と同様に,音も波なので **覚** **音源が動いていても音の速さは変わりません。** よって,音が進む距離は **$Vt$** 答

(2) 音源の速さは $v_S$ なので, **$v_S t$** 答

(3) 波の数を $N$ とすると **覚** **$N = f_0 t$** 答

(4) 波長を $\lambda$ とすると **覚えよう** ①の方法で求めた波の数（(3)の答え）と②の方法で求めた波の数は同じなので

**覚** $f_0 t = \dfrac{Vt - v_S t}{\lambda}$ より $\lambda = \dfrac{V - v_S}{f_0}$ 答

# Advance

問 Basicと同様の状況で，

(1) 音源の右側で静止している観測者が観測する音の振動数を求めよ。

(2) 音源が図の左側に一定の速さ$v_S$で動く（Basicと逆向き）とすると，音源の右側での音の波長と，音源の右側で静止している観測者が観測する音の振動数を求めよ。

**音 源 が 動 く と 波 長 が 変 わ る た め 振 動 数 が 変 わ る**

■ ドップラー効果（**音源が動く場合**）：$f = \dfrac{V}{V - v_S} f_0$

音源が近づく場合は$v_S > 0$，遠ざかる場合は$v_S < 0$とします。

## 解説

(1) 静止している観測者が観測する音の速さは$V$で，Basic(4)の答えより

$\lambda = \dfrac{V - v_S}{f_0}$なので，$v = f\lambda$を用いると観測者が聞く音の振動数$f_1$は

理 $f_1 = \dfrac{V}{\lambda} = \dfrac{V}{V - v_S} f_0$ 答

(2) 図の右側での音の波長はBasicと同様に時刻0から時刻$t$までの間に音が進んだ距離と音源が進んだ距離を考慮して，さらに波長を$\lambda'$として音の数を求めると

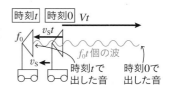

時刻$t$ 時刻0 $Vt$

$v_S t$

$f_0$

$f_0 t$個の波

$v_S$

時刻$t$で 時刻0で
出した音 出した音

覚 $f_0 t = \dfrac{Vt + v_S t}{\lambda'}$ より $\lambda' = \dfrac{V + v_S}{f_0}$ 答

また，観測者が観測する音の速さは$V$なので，$v = f\lambda$を用いると観測者が聞く音の振動数$f_2$は

理 $f_2 = \dfrac{V}{\lambda'} = \dfrac{V}{V + v_S} f_0$ 答

# ドップラー効果 3

問　図のように観測者に向けて一定の振動数$f_0$の
音を出して静止している音源がある。音速を$V$
とし風は吹いていないものとする。

(1) 静止している観測者が観測する音の波長$\lambda_0$を求めよ。

(2) 観測者が音源から遠ざかる向きに一定の速
さ$v_0$で動いているとき,

　(i) 観測者が観測する音の波長$\lambda$を求めよ。

　(ii) 時間$t$の間に観測者を通過する波の数を$V, v_0, \lambda, t$を用いて表せ。

**覚えよう**

## 観測者が動くと観測する波の数が変わる

　Theme61で確認したとおり,音源が動くと波長が変わります。観測者
が動くことで波長が変わることはありませんが,観測者が観測する**波の
数が変わる**ため,聞こえる音の振動数（音の高さ）が変わります。

## 解説

(1) $v=f\lambda$を用いて　$\lambda_0=\dfrac{V}{f_0}$　答

(2)

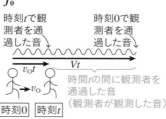

(i) 覚 **観測者が動いても波長は変わらない**ので　$\lambda=\dfrac{V}{f_0}$　答

(ii) 観測者がある時刻（時刻0とします）で観測した音は時間$t$の間に距離
$Vt$だけ進みます。その間に観測者は距離$v_0t$だけ進むので,観測者が観測
する音は図のように,$Vt-v_0t$の間に含まれます。よって,観測される波の
数$N=\dfrac{L}{\lambda}$を用いて　$N=\dfrac{Vt-v_0t}{\lambda}=\dfrac{(V-v_0)t}{\lambda}$　答

# Advance

問　次の問いに答えよ。

(1)　Basic(2)と同様の状況で，観測者が観測する音の振動数 $f$ を求めよ。

(2)　観測者が音源に近づく向きに一定の速さ $v_O$ で
動いているとき

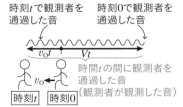

(i)　時間 $t$ の間に観測者を通過する波の数を $V$，
$v_O$，$\lambda$，$t$ を用いて表せ。

(ii)　観測者が観測する音の振動数 $f'$ を求めよ。

 理解しよう

 **観測者が動くと波の数が変わるため振動数が変わる**

■　ドップラー効果（**観測者が動く場合**）：$f=\dfrac{V-v_O}{V}f_0$

観測者が音源から遠ざかる場合は $v_O>0$ ，近づく場合は $v_O<0$ とします。

## 解説

(1)　観測者が観測する音の振動数が $f$ のとき，時間 $t$ の間に観測する波の数は $N=ft$ と表せるので，Basic(2)(i)，(ii)を用いて

$$ft=\dfrac{(V-v_O)t}{\lambda}\quad より\quad \boxed{理}\ f=\dfrac{V-v_O}{V}f_0\quad 答$$

(2)(i)　Basicと同様に，観測者が観測する音は図のように $Vt+v_Ot$ の間に含まれます。よって，$\boxed{覚}$ **波長 $\lambda$ は変わらない**ので，観測される波の数 $N=\dfrac{L}{\lambda}$ より

$$N=\dfrac{Vt+v_Ot}{\lambda}=\dfrac{(V+v_O)t}{\lambda}\quad 答$$

時刻 $t$ で観測者を通過した音　時刻 0 で観測者を通過した音

$v_Ot$　$Vt$

時間 $t$ の間に観測者を通過した音（観測者が観測した音）

$v_O$

時刻 $t$　時刻 0

(ii)　(1)と同様に，$f't=\dfrac{(V+v_O)t}{\lambda}\quad より\quad \boxed{理}\ f'=\dfrac{V+v_O}{V}f_0\quad 答$

# ドップラー効果 4

問 音源が振動数 $f_0$ の音を前方と後方に出しながら図の右向きに一定の速さ $v_S$ で進んでいる。音速を $V$ とし風は吹いていないものとする。

(1) 音源の前方（右側）を速さ $v_O$ で音源から遠ざかる向きに動いている観測者 A が聞く音の振動数 $f_A$ を求めよ。

(2) 音源の後方（左側）を速さ $v_O$ で音源に近づく向きに動いている観測者 B が聞く音の振動数 $f_B$ を求めよ。

 覚えよう

## ドップラー効果の式は正の向きが決まっている

■ ドップラー効果の式：$f = \dfrac{V - v_O}{V - v_S} f_0$

Theme61 と 62 を合わせると上式になります。

$f$〔Hz〕…観測者が観測する音の振動数

$f_0$〔Hz〕…音源が出す音の振動数

$V$〔m/s〕…音の速さ

$v_O$〔m/s〕…観測者の速度（**音源から観測者の向きが正**）

$v_S$〔m/s〕…音源の速度（**音源から観測者の向きが正**）

解説

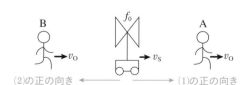

(2)の正の向き ←——— ——→ (1)の正の向き

ドップラー効果の式を使うときには，覚 **音源から観測者の向きが正の向き**になります。A と B では正の向きが逆になるので注意しましょう。

(1) 正の向きは図の右向きになるので 覚 $f_A = \dfrac{V - v_O}{V - v_S} f_0$ 答

(2) 正の向きは図の左向きになるので 覚 $f_B = \dfrac{V - (-v_O)}{V - (-v_S)} f_0 = \dfrac{V + v_O}{V + v_S} f_0$ 答

## Advance

問　振動数$f_0$の音を出して静止している音源
と，その右方に静止している反射板がある。
その間を右向きに一定の速さ$v_0$で動いてい
る観測者がいる。風は吹いていないものとする。

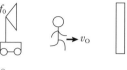

(1)　音源からの音を直接観測者が観測したときの振動数$f_1$を求めよ。

(2)　音源から出て反射板で反射した音を，観測者が観測したときの振
動数$f_2$を求めよ。

(3)　観測者が1秒間に観測するうなりの回数$N$を求めよ。

理解しよう

### 反射板が静止していれば反射音の振動数は不変

■　うなり

振動数がわずかに異なる2つの音によって，**うなり**が生じます。

$$N=|f_1-f_2|$$

$N$…1秒間に生じるうなりの回数

$f_1$，$f_2$〔Hz〕…わずかに異なる2つの振動数　●————

> $f_1$と$f_2$の大小関係がわかる場合
> には大きいほうから小さいほう
> を引いて絶対値を外しましょう。

■　反射板で反射した音の振動数

反射板が静止していれば，反射音の振動数は変わりません。

## 解説

(1)　ドップラー効果の式より

覚　$$f_1=\frac{V-v_0}{V}f_0$$　答

(2)　理　**反射板が静止しているため反射音の振動数
は変わらない**ので，反射板が$f_0$の音を出してい

ると考えると　覚　$$f_2=\frac{V-(-v_0)}{V}f_0=\frac{V+v_0}{V}f_0$$　答

(3)　$f_1$と$f_2$では，$f_2$の方が大きいので

理　$$N=|f_1-f_2|=f_2-f_1=\frac{V+v_0}{V}f_0-\frac{V-v_0}{V}f_0=\frac{2v_0f_0}{V}$$　答

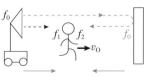

(1)の正の向き　　(2)の正の向き

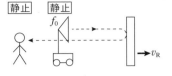

問 図のように観測者と振動数$f_0$の音を出す音源があり，その右側に反射板がある。観測者と音源は静止しており，反射板は図の右向きに一定の速さ$v_R$で動いている。観測者が聞く反射板からの反射音の振動数$f$を求めよ。音速を$V$とし，風は吹いていないものとする。

覚えよう

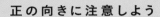

## 正の向きに注意しよう

■ 反射板が動くときの考え方の流れ

① 反射板を**観測者**と考えて，反射板が観測する振動数$f_R$を求める

② 反射板を振動数$f_R$の音を出す**音源**と考えて，観測者が聞く音の振動数$f$を求める

■ ①と②では音源と観測者の配置が逆になるので，ドップラー効果の式を使うときには正の向きが変わることに注意しましょう。

## 解説

まず **覚 反射板を観測者と考え**，反射板が聞く音の振動数を$f_R$とすると，**覚 図の右向きが正**となります。そのため，ドップラー効果の式より

$$f_R = \frac{V - v_R}{V} f_0 \quad \cdots ①$$

次に **覚 反射板を振動数$f_R$の音を出す音源と考えると，図の左向きが正**となるので，ドップラー効果の式より

$$f = \frac{V}{V - (-v_R)} f_R \quad \cdots ②$$

①を②に代入して

$$f = \frac{V}{V + v_R} \times \frac{V - v_R}{V} f_0 = \frac{V - v_R}{V + v_R} f_0 \quad 答$$

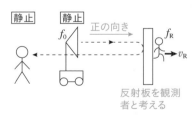

反射板を観測者と考える

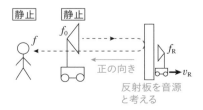

反射板を音源と考える

## Advance

問　図のように振動数$f_0$の音を出して静止して
いる音源から，その右方に静止している観測
者に向かって一定の速さ$w$の風が吹いてい
る。風がない状態での音速を$V(V>w)$とする。

(1)　図の右向きに進む音の速さ$V_R$を求めよ。

(2)　このとき，観測者が聞く音の振動数$f_1$を求めよ。

(3)　音源が観測者の向き（図の右向き）に速さ$v_S(V>v_S)$で動くとき，
観測者が聞く音の振動数$f_2$を求めよ。

理解しよう

### 風 が 吹 く と 音 の 速 さ が 変 わ る

■　空気中を伝わる音は空気を媒質として振動していて，この振動の伝わ
る速さが音の速さです。風は空気が動く現象なので，音は風によって伝
わる速さが変わります。風がない状態での音速を$V$，風の速さを$w$とす
ると，

・風と**同じ向き**に（風下に）進む音の速さ：$V+w$

・風と**逆向き**に（風上に）進む音の速さ　　：$V-w$

ドップラー効果の式を使うときには，これを音速とします。

## 解説

(1)　覚 **音が進む向きと風の向きが同じなので**　$V_R = V + w$　答

(2)　ドップラー効果の式の音速を 理 $V_R = V + w$とすればよいので

$$f_1 = \frac{V+w-0}{V+w-0}f_0 = f_0 \quad 答$$

(3)　ドップラー効果の式の音速を 理 $V_R = V + w$
とすればよいので

$$f_2 = \frac{V+w-0}{V+w-v_S}f_0 = \frac{V+w}{V+w-v_S}f_0 \quad 答$$

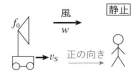

参考　(2)のように，音源も観測者も動いていない場合（または両者が動いていても，相対速
度が0の場合），風が吹いていても聞こえる音の振動数は変わりません。

# ドライブレコーダーの改変を見抜け！

　2022年の鳥取大学の問題は，とても凝った問題でした。自動車の追突事故があり，その車のドライブレコーダーに記録されている内容が改変されているというものです。ドライブレコーダーに記録されている音などの他の情報から，実際の自動車の速さを類推する問題です。

　力学のTheme3，40だけでなく，波動のTheme63をおさえておけば，このような改変を見抜くことができるようになるかもしれません。

改変されている

車速：48 km/h

追突事故直前のドライブレコーダーの映像

　この問題は主にドップラー効果の式を用いて計算をするのですが，計算量についてはそこまで多くはありません。それよりも受験生を悩ませたのは，問題文の長さでした。身近な例を物理の問題として成立させるためには，状況を説明する文章がどうしても長くなってしまいます。共通テストを筆頭に，問題文が長くなる傾向は，今後も続くでしょう。

　問題の状況を把握するまでの時間を短縮できるよう，日頃から問題の大意を掴む練習しておくことをおすすめします。

光

# 波の屈折 1

**Basic**

問 図のように媒質1と媒質2が境界面
XYで接しており，媒質1から媒質2
に平面波が進んでいる。図中の実線
はある時刻の波面を表しており，入
射波の波長は$\lambda_1 = 2.8$ cm，振動数は
$f_1 = 10$ Hzである。$\sqrt{2} = 1.4$とする。

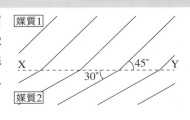

(1) 媒質1での波の速さ$v_1$〔cm/s〕を求めよ。

(2) 媒質1に対する媒質2の屈折率$n_{12}$を求めよ。

(3) 媒質2での波の波長$\lambda_2$〔cm〕を求めよ。

(4) 媒質2での波の振動数$f_2$〔Hz〕を求めよ。

---

**覚えよう**

## 屈折現象では角度・速さ・波長が変わる

■ 屈折の法則：$n_{12} = \dfrac{\sin\theta_1}{\sin\theta_2} = \dfrac{v_1}{v_2} = \dfrac{\lambda_1}{\lambda_2}$

$n_{12}$は媒質1に対する媒質2の屈折率（相対屈折率）
振動数は媒質1と媒質2で**同じ**です。

■ 波の進行方向（射線）と波面は**垂直**に交わります。

## 解説

(1) $v = f\lambda$より $v_1 = f_1\lambda_1 = 10 \times 2.8 = $**28 cm/s** 答

(2) 波面と垂直に波の進行方向（射線）をかき，
入射角，屈折角をかくと右図のようになります。
屈折の法則より

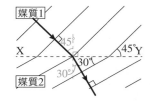

$$\boxed{覚}\; n_{12} = \frac{\sin 45°}{\sin 30°} = \frac{\dfrac{\sqrt{2}}{2}}{\dfrac{1}{2}} = \sqrt{2} = \textbf{1.4} \quad 答$$

(3) 屈折の法則より $\boxed{覚}\; \lambda_2 = \dfrac{\lambda_1}{n_{12}} = \dfrac{2.8}{1.4} = $**2.0 cm** 答

(4) 振動数は媒質1と媒質2で同じなので $\boxed{覚}\; f_2 = f_1 = $**10 Hz** 答

## Advance

問　図のように空気中に素材が異なる透明
なガラス2枚を置き，光を入射させる。
空気，ガラス1，ガラス2の屈折率をそれ
ぞれ1，$n_1$，$n_2$とし，ガラスの上面・下面
はすべて平行である。ガラス1へ入射さ
せた光の入射角を$i$とするとき，ガラス2
を通過して再び空気中に出たときの屈折角$r$を求めよ。

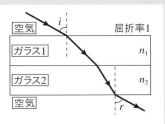

UNIT 08

光

### 理解しよう

**（絶対）屈折率は屈折の法則の分子・分母が逆になる**

■　光の場合，真空に対するある媒質の相対屈折率
を，その媒質の絶対屈折率（または単に**屈折率**）
といいます。

■　屈折率を用いると，屈折の法則は次のように表されます。

$$n_{12}=\frac{\sin \theta_1}{\sin \theta_2}=\frac{v_1}{v_2}=\frac{\lambda_1}{\lambda_2}=\frac{n_2}{n_1}$$

特に，屈折率と角度の関係の問題では，次のように変形すると便利です。

$$n_1 \sin \theta_1 = n_2 \sin \theta_2$$

## 解説

空気中からガラス1に入射した光の屈折角を$\theta_1$とすると，ガラス2に入射す
るときの入射角も$\theta_1$になります。同様にガラス2の屈折角（$\theta_2$とする）と空気
中への入射角は同じです。各境界面で屈折の法則を用いると

理　$1 \times \sin i = n_1 \times \sin \theta_1$　…①
$n_1 \times \sin \theta_1 = n_2 \times \sin \theta_2$　…②
$n_2 \times \sin \theta_2 = 1 \times \sin r$　…③

①＋②＋③から

$\sin i = \sin r$　より　$r = i$　答

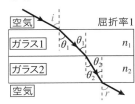

**参考**　この結果から一般に，上下の面が平行な媒質が何枚重なっていても，屈折率によらず
空気中に出るときの屈折角は入射角と同じになります。

# 波の屈折 2

**Basic**

問 図のように水深$d$の容器の底の点Pにある物体をほぼ真上の空気中から見ると，水深$d'$の点P'にあるように見えた。$d'$を求めよ。空気の屈折率を1，水の屈折率を$n$とする。また，図の$i$，$r$は十分に小さく，$\sin i \fallingdotseq \tan i$，$\sin r \fallingdotseq \tan r$が成り立つとする。

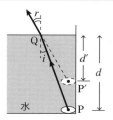

**覚えよう**

## 途中で屈折したことは観測者からはわからない

■ 実際に物体がある点Pからの光は図の点Qで屈折しますが，図の左上から観察している人からは光は**まっすぐ進んで来たように見える**ので，物体はP'にあるように見えます（容器の底も浅く見えます）。

■ 屈折の法則（屈折率と角度の関係だけが必要なとき）

$$n_1 \sin \theta_1 = n_2 \sin \theta_2$$

## 解説

点Qでの屈折の法則より　覚 $1 \times \sin r = n \times \sin i$　…①

図のように点Pからの鉛直線が水面と交わる点と点Qの間の長さを$a$とします。また，直線QP，QP'と鉛直線とのなす角がそれぞれ$i$，$r$と表せるので

$$\tan i = \frac{a}{d}, \quad \tan r = \frac{a}{d'}$$

$\sin i \fallingdotseq \tan i$，$\sin r \fallingdotseq \tan r$が成り立っているので

$$\sin i \fallingdotseq \frac{a}{d}, \quad \sin r \fallingdotseq \frac{a}{d'} \quad \text{…②}$$

②を①に代入して

$$\frac{a}{d'} = n \times \frac{a}{d}$$

$$d' = \frac{d}{n} \quad \text{答}$$

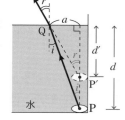

三角関数表を見ると，有効数字2桁程度を考える場合，$\theta$が小さいときに
$\sin \theta \fallingdotseq \tan \theta$と考えてよさそうです。

| 〔度〕 | sin | tan |
|---|---|---|
| 0 | 0.0000 | 0.0000 |
| 1 | 0.0175 | 0.0175 |
| 2 | 0.0349 | 0.0349 |
| 3 | 0.0523 | 0.0524 |
| 4 | 0.0698 | 0.0699 |
| 5 | 0.0872 | 0.0875 |

# Advance

問　図のように，空気中に置かれた屈折率$n$のプリズムに単色光を入射させたところ，光の一部は面ABと面BCを通過した。そこから，面ABにおける入射角$\theta$を少しずつ変化させたところ，面BCにおける入射角$\theta'$が臨界角$\theta_0$となった。空気の屈折率を1とする。

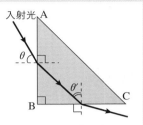

(1)　このとき，面ABにおける入射角$\theta$を大きくしたか，小さくしたか。

(2)　$\sin\theta_0$を求めよ。

(センター試験)

**理解しよう**

## 入 射 角 が 臨 界 角 よ り 大 き く な る と 全 反 射 す る

■　臨界角：屈折率が大きな媒質から小さな媒質に光が進むとき，屈折角が90°になる入射角が存在し，このときの入射角を**臨界角**といいます。

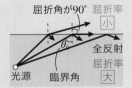

■　全反射：一般に，屈折と反射は同時に起こりますが，入射角が臨界角より大きくなると，すべての光が反射します。この現象を**全反射**といいます。

## 解説

(1)　面BCでの 理 **入射角が臨界角のとき，屈折角は90°**なので，問題の図よりも$\theta'$を大きくする必要があります。そのためには面ABでの入射角$\theta$を**小さくした** 答

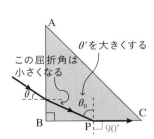

(2)　図の点Pにおける屈折の法則より

覚 $\underline{n\times\sin\theta_0=1\times\sin 90°}$

$$\sin\theta_0=\frac{1}{n}\quad 答$$

# Theme 67 凸レンズ（物体が焦点よりもレンズから遠い場合）

## Basic

問 焦点距離10 cmの凸レンズの前方30 cmの位置に長さ5.0 cmの棒を光軸に垂直に立てた。どこにどのような像ができるか。

覚えよう

### 物体が焦点よりも遠いとき，倒立の実像ができる

■ **凸レンズ（物体が焦点よりもレンズから遠い場合）**

① レンズの中心Oを通る光は直進する。

② 光軸に平行に進む光はレンズを通過後，後方の焦点を通る。

③ 前方の焦点を通る光はレンズを通過後，光軸に平行に進む。

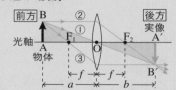

■ レンズの式：

$$\frac{1}{a}+\frac{1}{b}=\frac{1}{f}$$

■ 倍率 $m$：$m=\left|\dfrac{b}{a}\right|$

| $a$ | 物体からレンズまでの距離 | $a>0$：組み合わせレンズでは $a<0$ のこともあります |
|---|---|---|
| $b$ | レンズから像までの距離 | $b>0$：像が後方（倒立実像） $b<0$：像が前方（正立虚像） |
| $f$ | 焦点距離 | $f>0$：凸レンズ $f<0$：凹レンズ |

上図の $\triangle AOB$，$\triangle A'OB'$ が相似であることから，物体に対する像の大きさの倍率は $\dfrac{b}{a}$ とわかります。

解説

物体が凸レンズに対して焦点よりも遠い位置にある場合は，レンズの後方に倒立の実像ができます。レンズから像までの距離を $b$，倍率を $m$ とするとレンズの式より

覚 $\dfrac{1}{30}+\dfrac{1}{b}=\dfrac{1}{10}$ より $b=15$ cm

覚 $m=\dfrac{15}{30}=0.50$ なので像の大きさは $5.0\times0.50=2.5$ cm

よって **レンズの後方15 cmの位置に2.5 cmの倒立の実像ができる** 答

# Advance

問　図のように，凸レンズの左に万年筆
がある。F，F′はレンズの焦点である。
レンズの左に光を通さない板Bを置
き，レンズの中心より上半分を完全に
覆った。万年筆の先端Aから出た光
が届く点として適当なものを，図中の
①～⑦のうちすべて選べ。ただし，レンズは薄いものとする。

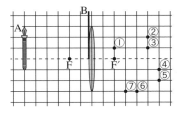

（共通テスト）

**理解しよう**

## 光はあらゆる方向に進む

■　万年筆の先端からは**あらゆる方向**に光が出ています。正確には太陽光
や照明からの光をあらゆる方向に反射（乱反射）しています。凸レンズ
の作図では主にBasicの図のように3本の線だけをかきますが，レンズ
を通る光はすべてこの3本の線の交点を通るように屈折します。

**解説**

　はじめに板Bがない場合について考えます。万年筆の先端Aからの光はあら
ゆる方向に進みますが，レンズを通る光は
Basicのように屈折します。

覚　**凸レンズの最上部を通る光は光軸に平行な
ので，レンズの後方の焦点を通るように屈折**しま
す。この屈折した光とレンズの中心を通ってまっ
すぐ進む光の交点を点Cとすると，理　**レンズを
通る光はすべて点Cを通る**ことになります。光が
通る部分を青で示すと右上図のようになり，
**覚えよう**に書かれている線以外にも青線のような
光やレンズの最下点を通る光も点Cを通ります。
板Bで光が遮断されると右下図のようになるので，青い部分に含まれる記号は
④，⑤　答

157

# 凸レンズ（物体が焦点よりも レンズに近い場合）

## Basic

---

問 焦点距離10 cmの凸レンズの前方5.0 cmの位置に長さ3.0 cmの棒を光軸に垂直に立てた。どこにどのような像ができるか。

---

覚えよう ‥‥‥‥‥

### 物体が焦点よりも近いとき正立の虚像ができる

#### ■ 凸レンズ（物体の位置が焦点よりもレンズに近い場合）

① レンズの中心Oを通る光は直進する

② 光軸に平行に進む光はレンズを通過後，後方の焦点$F_2$を通る

③ 前方の焦点$F_1$を通る光はレンズを通過後，光軸に平行に進む

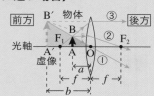

①～③の光はレンズの後方（図の右側）から見ると，レンズで屈折しているのはわからないので，図のB′からまっすぐ進んできたように見えます。

■ レンズの式：$\dfrac{1}{a}+\dfrac{1}{b}=\dfrac{1}{f}$

■ 倍率$m$：$m=\left|\dfrac{b}{a}\right|$

| | | |
|---|---|---|
| $a$ | 物体からレンズまでの距離 | $a>0$：組み合わせレンズでは $a<0$のこともあります |
| $b$ | レンズから像までの距離 | $b>0$：像が後方（倒立実像） $b<0$：像が前方（正立虚像） |
| $f$ | 焦点距離 | $f>0$：凸レンズ $f<0$：凹レンズ |

## 解説

覚 物体が凸レンズに対して焦点よりも近い位置にある場合は，レンズの前方に正立の虚像ができます。レンズから像までの距離を$b$，倍率を$m$とするとレンズの式から

覚 $\dfrac{1}{5.0}+\dfrac{1}{b}=\dfrac{1}{10}$ より $b=-10\ \text{cm}$

覚 $m=\left|\dfrac{-10}{5.0}\right|=2.0$ なので像の大きさは，

3.0×2.0=6.0 cm

よって **レンズの前方10 cmの位置に6.0 cmの正立の虚像ができる** 答

## Advance

問　図のように焦点距離2.0 cmの凸レンズ$L_1$と焦点距離3.0 cmの凸レンズ$L_2$を8.5 cm離して光軸を一致させて置き,レンズ$L_1$の前方3.0 cmの位置に大きさ1.0 cmの物体を置いた。

(1)　$L_1$がつくる実像の位置を求めよ。

(2)　$L_1$と$L_2$によってできる像の位置と大きさを求めよ。

 **理解しよう** ┈┈┈┈┈┈┈┈┈┈┈┈┈┈┈┈┈┈┈┈┈┈┈┈┈┈┈┈┈

### $L_1$のつくる実像が,$L_2$にとっての物体になる

■　顕微鏡,望遠鏡の原理

この問題の$L_1$を対物レンズ,$L_2$を接眼レンズとすると,この問題の設定は**顕微鏡,望遠鏡**の基本的な原理の説明になっています。

U
N
I
T
08

光

**解説**

(1)　$L_1$と像までの距離を$b$としてレンズの式を用いると

[覚] $\dfrac{1}{3.0}+\dfrac{1}{b}=\dfrac{1}{2.0}$　より　$b=6.0$ cm　　**$L_1$の後方6.0 cm**　答

(2)　[理] **$L_1$がつくる実像が$L_2$に対しては物体となる**ので,(1)の実像と$L_2$の距離は8.5－6.0=2.5 cmです。[覚] **焦点距離よりもレンズに近いので,虚像ができます**。$L_2$と像までの距離を$b'$として,レンズの式より

$$\dfrac{1}{2.5}+\dfrac{1}{b'}=\dfrac{1}{3.0}　より　b'=-15 \text{ cm}$$

$L_2$の前方15 cmの位置に正立の虚像ができます。$L_1$がつくった像が倒立なので,$L_2$と合わせると物体に対しては倒立の虚像になります。

$L_1$がつくる実像の倍率は　$\dfrac{6.0}{3.0}=2.0$

$L_2$がつくる虚像の倍率は　$\dfrac{15}{2.5}=6.0$

像の大きさは　1.0 cm×2.0×6.0=12 cm

**$L_2$の前方15 cmの位置に大きさ12 cmの像(倒立の虚像)ができる**　答

# 凹レンズ

問 焦点距離20 cmの凹レンズの前方30 cmの位置に長さ6.0 cmの棒を光軸に垂直に立てた。どこにどのような像ができるか。

**覚えよう**

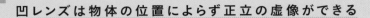

## 凹レンズは物体の位置によらず正立の虚像ができる

### ■ 凹レンズ

① レンズの中心Oを通る光は直進する。

② 光軸に平行に進む光はレンズを通過後，前方の焦点$F_1$を出たように進む。

③ 後方の焦点$F_2$に向かう光はレンズを通過後，光軸に平行に進む。

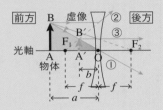

### ■ レンズの式：

$$\frac{1}{a}+\frac{1}{b}=\frac{1}{f}$$

### ■ 倍率$m$：$m=\left|\dfrac{b}{a}\right|$

| | | |
|---|---|---|
| $a$ | 物体からレンズまでの距離 | $a>0$：組み合わせレンズでは $a<0$のこともあります |
| $b$ | レンズから像までの距離 | $b>0$：像が後方（倒立実像） $b<0$：像が前方（正立虚像） |
| $f$ | 焦点距離 | $f>0$：凸レンズ $f<0$：凹レンズ |

## 解説

覚 **凹レンズでは物体と焦点の位置関係によらず，レンズの前方に正立の虚像ができます**。レンズから像までの距離を$b$，倍率を$m$としてレンズの式の焦点距離$f$には，凹レンズなので負の値$-20$を代入して

覚 $$\frac{1}{30}+\frac{1}{b}=\frac{1}{-20} \quad \text{より} \quad b=-12 \text{ cm}$$

覚 $$m=\left|\frac{-12}{30}\right|=0.40 \quad \text{なので像の大きさは}$$

$6.0\times0.40=2.4$ cm

よって **レンズの前方12 cmの位置に2.4 cmの正立の虚像ができる** 答

**参考** 凹レンズでは，物体がレンズに対して焦点距離より遠くても近くても，正立の虚像ができます。また，その像は必ず物体よりも小さくなることがポイントです。

## Advance

問　次の問いに答えよ。

(1)　凸レンズの光軸に沿って平行光線が
入射する。光軸に垂直な直線は，光の
波面を表している。レンズを通過した
後の波面を表す図として最も適当なも
のを選べ。　　　　　　（センター試験）

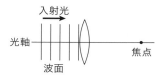

① 焦点　　② 焦点　　③ 焦点　　④ 焦点

(2)　(1)の凸レンズを凹レンズに置き換え
た。レンズを通過した後の波面を表す
図として最も適当なものを選べ。

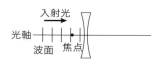

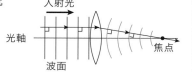
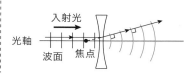

⑤ 焦点　　⑥ 焦点　　⑦ 焦点　　⑧ 焦点

**U N I T 08**

光

---

**理解しよう**

### 波 の 進 行 方 向 （ 射 線 ） と 波 面 は 垂 直 に 交 わ る

Theme65「波の屈折1」で**波の進行方向と波面は垂直に交わる**ことを扱い
ましたが，これは光でも成り立ちます。

---

**解説**

（図）

光軸と平行に進む光（波面は光軸と垂直）は，凸レンズを通ると後方の焦点
に向かい，**覚** **凹レンズを通ると前方の焦点から出ていく方向に曲がります**（上
図）。**理** **光の進行方向と波面が垂直に交わるので**

(1)　**②**　　　(2)　**⑥**　**答**

# 凹面鏡と凸面鏡

問 焦点距離 12 cm の凹面鏡の前方 30 cm の位置に長さ 6.0 cm の棒を光軸に垂直に立てた。どこにどのような像ができるか。

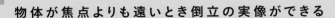

**覚えよう**

### 物体が焦点よりも遠いとき倒立の実像ができる

■ **凹面鏡（物体の位置が焦点よりも凹面鏡から遠い場合）**

物体（光源）のある側を「前方」，反対側を「後方」とする。

① 鏡面の中央の点 O を通る光は光軸に対して対称に反射する。

② 光軸に平行に進む光は鏡面で反射後，焦点 F を通る。

③ 焦点 F を通る光は鏡面で反射後，光軸に平行に進む。

■ 球面鏡の式：$\dfrac{1}{a}+\dfrac{1}{b}=\dfrac{1}{f}$

■ 倍率 $m$：$m=\left|\dfrac{b}{a}\right|$

| $a$ | 物体から鏡面までの距離 | $a>0$ |
|---|---|---|
| $b$ | 鏡面から像までの距離 | $b>0$：像が前方（倒立実像）<br>$b<0$：像が後方（正立虚像） |
| $f$ | 焦点距離 | $f>0$：凹面鏡<br>$f<0$：凸面鏡 |

上図の△AOB，△A′OB′ が相似であることから，物体に対する像の大きさの倍率は，$\dfrac{b}{a}$ とわかります。

**解説**

覚 **物体が凹面鏡に対して焦点よりも遠い位置にある場合は，凹面鏡の前方に倒立の実像ができます**。鏡面から像までの距離を $b$，倍率を $m$ とすると球面鏡の式より

覚 $\dfrac{1}{30}+\dfrac{1}{b}=\dfrac{1}{12}$ より $b=20\text{ cm}$

覚 $m=\dfrac{20}{30}=\dfrac{2}{3}$ なので像の大きさは $6.0\times\dfrac{2}{3}=4.0\text{ cm}$

よって，**凹面鏡の前方 20 cm の位置に 4.0 cm の倒立の実像ができる** 答

## Advance

> 問　焦点距離 30 cm の凹面鏡の前方 10 cm のところに長さ 6.0 cm の棒を
> 光軸に垂直に立てた。どこにどのような像ができるか。

理解しよう

### 凹面鏡で焦点よりも近いとき＆凸面鏡 → 正立の虚像

■　**凹面鏡（物体の位置が焦点よりも凹面鏡に近い場合）**

① 　鏡面の中央の点 O を通る光は光軸
に対して対称に反射する。

② 　光軸に平行に進む光は鏡面で反射
後，焦点を出たように進む。

③ 　焦点から出た光は鏡面で反射後，
光軸に平行に進む。

■　**凸面鏡**

（①，②は上記の凹面鏡と同じ）

③ 　焦点に向かう光は鏡面で反射後，光
軸に平行に進む。

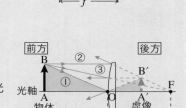

■　凸面鏡では物体と焦点の位置関係によ
らず，凸面鏡の後方に正立の虚像ができます。

## 解説

　理　**物体が凹面鏡に対して焦点よりも近い位置にある場合は，凹面鏡の後方
に正立の虚像ができます。**鏡面から像までの距離を $b$，倍率を $m$ とすると球面
鏡の式より

　覚　$\dfrac{1}{10} + \dfrac{1}{b} = \dfrac{1}{30}$ 　より　$b = -15$ cm

　覚　$m = \left| \dfrac{-15}{10} \right| = 1.5$ 　なので像の大きさは

　　　$6.0 \times 1.5 = 9.0$ cm

よって　**凹面鏡の後方 15 cm の位置に 9.0 cm の正立の虚像ができる**　答

# ヤングの実験

問 図のようなヤングの実験装置がある。
波長 $\lambda$ の単色光をスリット $S_0$ に入射す
ると，等距離にあるスリット $S_1$，$S_2$ を
通過してスクリーン上に明暗の縞模様

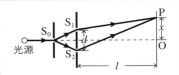

が現れる。$S_1$ と $S_2$ の間隔を $d$，その中点からスクリーンに引いた垂線
の足を点Oとし，垂線の長さを $l$ とする。

(1) スクリーン上では $S_1$ からの光と $S_2$ からの光が強めあったり，弱
めあったりして明暗の縞模様ができる。この現象を何というか。

(2) スクリーン上の点Oからの距離 $x$ の点Pで明線が観測される条件
を，$\overline{S_1P}=l_1$，$\overline{S_2P}=l_2$ として $m=0, 1, 2, \cdots$ を用いて表せ。

**覚えよう**

## ヤングの実験の経路差（道のりの差）は $\dfrac{dx}{l}$

■ ヤングの実験
光は狭い隙間（スリット）を通過すると
**回折**して広がります。2つのスリットで回
折した光は，スクリーン上で**干渉**して明
暗の縞模様をつくります。原理は
Theme56「水面波の干渉」と同じです。

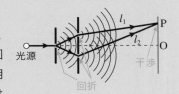

■ ヤングの実験の経路差（道のりの差）
問題の図で，$d$，$x$ が $l$ と比較して十分に小さい場合，経路差

$|\overline{S_1P}-\overline{S_2P}|$ は $\dfrac{dx}{l}$ となります。この経路差を求めるには近似計算が必要

なので（詳細はp.173），覚えておくと計算の必要がなくなります。

---

解説

(1) 覚 **干渉** 答

(2) 明線の条件は 覚 **水面波の干渉で強め合う条件** $|\overline{S_1P}-\overline{S_2P}|=m\lambda$ と同じ。

　よって　$|l_1-l_2|=m\lambda$ 答

## Advance

問　Basicと同様の設定で，

(1) $d$, $x$が$l$と比較して十分に小さい場合，スクリーン上にできる明
線の間隔を求めなさい。

(2) 光源を白色光にすると，点Oにできる明線は何色になるか。また，
点Oのとなりの明線はどのように見えるか。

 理解しよう

### スクリーン上の点O付近の明線は等間隔

■　明線の間隔：$\Delta x = \dfrac{l\lambda}{d}$

この式は座標$x$を含まないので，**明線は等間隔**ということになります。

■　波長と色

可視光線の中で赤の波長
が長く，紫（青）の波長
が短いことが重要です。

## 解説

(1) 図のようにスクリーン上の点Oを原点として，図の
上向きに$x$軸を取り，原点Oの明線を0次の明線，…，
$m$番目の明線を$m$次の明線（座標$x_m$），…とします。$x$
座標が$l$と比べて十分に小さい場合，|覚| **経路差は$\dfrac{dx}{l}$**

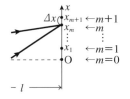

**となる**ので，明線の条件から$x_m$を求めると

$$\frac{dx_m}{l} = m\lambda \quad \cdots ① \quad \text{より} \quad x_m = \frac{ml\lambda}{d}$$

明線の間隔は　$\Delta x = x_{m+1} - x_m = \dfrac{(m+1)l\lambda}{d} - \dfrac{ml\lambda}{d} = \dfrac{l\lambda}{d}$　…② 答

(2) 点Oは$m=0$の明線で，①式は波長$\lambda$によらず成り立ちます。どの波長も強
め合うので，点Oは　**白色**　答

②式より明線の間隔は波長に比例するので，波長が短いほど点Oに近く，
波長が長いほど点Oから遠くなります。よって点Oのとなりの明線は

|理| **点Oに近い側に紫，遠い側に赤になるような虹色の帯**　答

# 回折格子

問 図のように，格子定数$d$の回折格子に波長$\lambda$のレーザー光を垂直に当てると，スクリーン上に明点が現れた。

入射方向と角$\theta$をなす方向に明点が現れる条件を$d$，$\lambda$，$\theta$と$m$（$m=0, 1, 2, \cdots$）を用いて表せ。

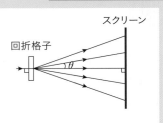

スクリーン

回折格子

---

**覚えよう**

## 回折格子の経路差は導出方法も覚えよう

■ 回折格子

板ガラスの片面に等間隔の筋を平行に引いたもの。筋と筋の間隔を格子定数といいます。筋の部分はすりガラスのようになっているため不透明で，光は筋と筋の間の透明な部分を通ります。この透明な部分は狭いので回折が起こって，多数の回折光により干渉が起こります。

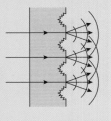

■ 回折格子の経路差の求め方

右図のように光の入射方向から角$\theta$の方向を見ると，筋ではない部分の間隔も$d$なので，隣り合う光の経路差は垂線を引くことで$d \sin \theta$と導出できます。

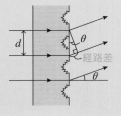

経路差

---

**解説**

角$\theta$方向の 覚 **経路差は$d \sin \theta$と導出できる**ので，明点が現れる条件（強め合う条件）は$m=0, 1, 2, \cdots$を用いて

$d \sin \theta = m\lambda$ 答

参考 ヤングの実験の経路差$\dfrac{dx}{l}$は点O付近のみで成り立ちますが，回折格子の経路差$d \sin \theta$は$\theta$が大きくても成り立ちます。

# Advance

問　Basicの設定に加えて，回折格子とスクリーン間の距離を$l$，光の入射方向とスクリーンの交点をO，角$\theta$方向とスクリーンの交点をP，OP間の距離を$x$とする。

(1) 角$\theta$が十分に小さいとき，点Pに明点が現れる条件を$d, \lambda, l, x$と$m$（$m = 0, 1, 2, \cdots$）を用いて表せ。ただし，$\theta$が十分に小さいとき，$\sin\theta \fallingdotseq \tan\theta$が成り立つとする。

(2) この装置全体を屈折率$n$の媒質に入れると，Basicでの明点の条件$d\sin\theta = m\lambda$はどのように表されるか。

理解しよう

## 光路長（光学距離）＝屈折率×距離

■ 光路長（光学距離）：光は真空から屈折率$n$の媒質に入ると速さが$\dfrac{1}{n}$になり，媒質中を進む時間は真空中に比べて$n$倍になります。このことから屈折率$n$の媒質中の距離$l$は，真空中の距離$nl$に相当し，この$nl$を**光路長**または**光学距離**といいます。

　　　　光路長（光学距離）＝屈折率×距離

## 解説

(1) 図より$\tan\theta = \dfrac{x}{l}$なので，$\theta$が小さいときには$\sin\theta \fallingdotseq \dfrac{x}{l}$となり，

[覚] **明点の条件$d\sin\theta = m\lambda$は**
$$\dfrac{dx}{l} = m\lambda \quad 答$$

> ヤングの実験での近似したときの経路差$\dfrac{dx}{l}$は，この方法でも求めることができます。

(2) [理] **式中の$d$は屈折率$n$の媒質中での光路長は$n \times d$なので**
$$n \times d\sin\theta = m\lambda \quad より \quad nd\sin\theta = m\lambda \quad 答$$

参考　屈折率$n$の媒質中では波長も$\dfrac{1}{n}$になりますが，光路長を考えるときはその波長の変化も含んでいるので，真空中の波長$\lambda$のままになります。

## 薄膜干渉
はくまく

問　屈折率$n'$のガラスの表面に屈折率$n$，厚さ$d$の薄膜が付着している。波長$\lambda$の単色光を表面に垂直に当てる。$n>n'$のとき，反射光が強め合う条件を$n, d, \lambda, m\,(m=0, 1, 2, \cdots)$ を用いて表せ。ただし，空気の屈折率を1とする。

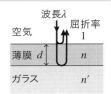

**覚えよう**

### 屈折率：小→大の境界面での反射で位相は$\pi$ずれる

■　反射による位相の変化
右図のように屈折率の小さな物質から大きな物質へ向かう境界面では固定端反射（位相が$\pi$〈半波長分〉ずれる），逆の場合は自由端反射（位相はずれない）となります。

■　光路差
経路差に屈折率をかけて光路長の差とした量を光路差といいます。

■　媒質の屈折率
真空の屈折率は1で，媒質の屈折率は**必ず1よりも大きくなります**（空気の屈折率は1にすることもあります）。

## 解説

薄膜の表面で反射する光と，ガラスの表面で反射する光の経路差は，片道$d$の往復より$2d$なので

**覚**　**光路差は$n\times 2d=2nd$**

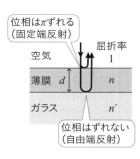

$n>n'$のとき，右図のように，位相が$\pi$ずれる反射が1か所あるため，反射がない場合の強め合う条件と弱め合う条件が入れ替わります。

よって，強め合う条件は　　$2nd=\left(m+\dfrac{1}{2}\right)\lambda$　答

# Advance

問　右図のように，空気（屈折率1）中に
厚さ$d$の薄膜（屈折率$n$）がある。空気
中の波長が$\lambda$の光を入射角$i$で入射させ
たところ，薄膜での屈折角が$r$となっ
た。図の$A_1$を通って薄膜上部の境界面
上の点$B_1$で反射する光①と，点$A_2$から
薄膜に入射して薄膜下部の境界面上の

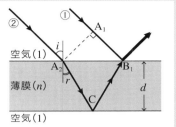

点Cで反射して戻る光②とが重なって干渉する。この干渉光が強め合
う条件を$n, d, r, \lambda, m(m=0, 1, 2, \cdots)$を用いて表せ。

理解しよう

## 薄膜干渉の光路差の求める流れが大切

■　薄膜干渉の光路差の求め方
薄膜中の光路長は$n$倍になることを考慮
すると，図の$\overline{A_1A_2}$は波面なので①と②の
光路差は$n\times(\overline{A_2C}+\overline{CB_1})-\overline{A_1B_1}$となりま
す。ここで$B_1$から$\overline{A_2C}$に下ろした垂線の
足を$B_2$とすると，$\overline{B_1B_2}$は屈折波の波面と
なるので，光路長$\overline{A_1B_1}=n\times\overline{A_2B_2}$となり光
路差は$n\times(\overline{B_2C}+\overline{CB_1})$となります。
さらに薄膜の下面に対して$B_1$と対称な点
を$D$とすると$\overline{CB_1}=\overline{CD}$なので光路差は$n$

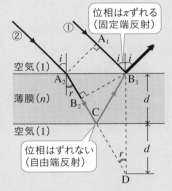

$\times\overline{B_2D}$，図より$\overline{B_2D}=2d\cos r$なので，**光路差は$2nd\cos r$**と表せます。

## 解説

理　光路差は$2nd\cos r$で，図のように 覚 位相が$\pi$（半波長分）ずれる反射が
1か所あります。したがって反射がない場合の強め合う条件と弱め合う条件が
入れ替わるので，干渉光が強め合う条件は　$2nd\cos r=\left(m+\dfrac{1}{2}\right)\lambda$　答

**Basic**

問　図のように2枚の平面ガラス板を重ね
て，一方の端に厚さ $D$ の薄い紙を挟む。
2枚のガラス板の交点を O，点 O と紙ま
での距離を $L$ とする。上方から波長 $\lambda$ の単
色光を入射し上方から観測したところ明

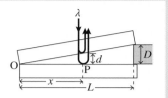

暗の縞模様が観測された。点 O からの距離 $x$ の点 P での空気層の厚さ
を $d$ とする。

(1)　$d$ を $D, L, x$ を用いて表せ。

(2)　点 P で明線が観測される条件式を，$D, L, x, \lambda, m (m=0, 1, 2, \cdots)$
を用いて表せ。

---

**覚えよう**

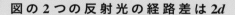

### 図の2つの反射光の経路差は $2d$

■　空気層は非常に薄い

2枚のガラスの間に挟まれた紙は非常に薄いので，図のくさび形（細い
直角三角形）の空気層も実際は非常に薄いため，上方からの光はまっす
ぐ上方に反射すると考えます（**経路差は $2d$**）。また，この空気層が薄い
ために干渉現象が観測されます（薄膜干渉も同様です）。

---

解説

(1)　2枚のガラスの間の空気層における，2つ
の相似な直角三角形の辺の長さの比から

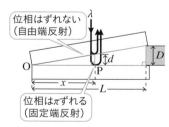

$$x : d = L : D$$

$$d = \frac{Dx}{L} \quad 答$$

(2)　点 P において上のガラスの下面で反射する光と下のガラスの上面で反射す
る光の　覚 **経路差（光路差も同じ）は $2d$** です。図のように位相が $\pi$（半波長分）
ずれる反射が1か所あるため，強め合う条件は

$$2d = \left(m + \frac{1}{2}\right)\lambda \quad より \quad \frac{2Dx}{L} = \left(m + \frac{1}{2}\right)\lambda \quad 答$$

## Advance

| 問 | Basicと同様の設定で明線の間隔$\Delta x$を$D, L, \lambda$を用いて表せ。 |

**理解しよう**

### 明暗の干渉縞は等間隔

■　明線の間隔の2通りの求め方

解説の本文と別解のように，明線の間隔の求め方には大きく2通りあります。どちらの方法でも導出できるようにしましょう。特に別解の解答で，「隣り合っている明線では**経路差の違いが1波長分に等しい**」ということが大切です。

また，導出された答えから**明線の間隔は一定**であることがわかります。もちろん暗線の間隔も同じです。

**解説**

点Oから$m$番目の明線までの距離を$x_m$とすると，Basic(2)の答えより

$$x_m = \frac{L}{2D}\left(m+\frac{1}{2}\right)\lambda$$

よって

$$\Delta x = x_{m+1} - x_m$$
$$= \frac{L}{2D}\left(m+1+\frac{1}{2}\right)\lambda - \frac{L}{2D}\left(m+\frac{1}{2}\right)\lambda$$
$$= \frac{L\lambda}{2D} \quad 答$$

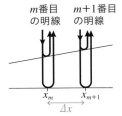

$m$番目
の明線　$m+1$番目
の明線

$x_m$　$x_{m+1}$
$\Delta x$

$\left[\begin{array}{l} L, \lambda, D\text{は変化しないので，} \\ \text{理 明線の間隔は一定です。} \end{array}\right.$

**別解**　右図のように隣り合う明線において空気層の厚さの差を$\Delta d$とすると，覚 **経路差の違いは2$\Delta d$** となります。隣り合っている明線であることから，この 理 **経路差の違いが1波長分に等しい**ので　$2\Delta d = \lambda$　です。図中の直角三角形と，はじめの問題の図の直角三角形は相似なので

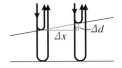

$\Delta x$　$\Delta d$

$$\Delta x : \Delta d = L : D \quad よって \quad \Delta x = \frac{L\Delta d}{D} = \frac{L\lambda}{2D} \quad 答$$

# Theme 75 ニュートンリング

## Basic

問 平面ガラス板の上に，半径Rの球面を持つ平凸レンズを置く。図の上方から波長λの単色光をあて，上方から見ると同心円状の明暗の環が観測できた。図のように平凸レンズと平面ガラス板の接点Oから距離rだけ離れた点Pでの空気層の厚さをdとする。

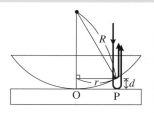

(1) 位置Pで明環が観測される条件を$d, \lambda, m \, (m = 0, 1, 2, \cdots)$ を用いて表せ。

(2) 点O付近は明るいか，それとも暗いか。

### 覚えよう

**ニュートンリングでも2つの反射光の経路差は$2d$**

■ 空気層は非常に薄い

Theme74「くさび形空気層」と同様に，ニュートンリングでも空気層は薄く，空気層の厚さが$d$のとき，**経路差は$2d$**となります。

## 解説

(1) 点Pにおいて平凸レンズの下面で反射する光と平面ガラスの上面で反射する光の **經 経路差は$2d$**です。図のように位相が$\pi$（半波長分）ずれる反射が1か所あるため，強め合う条件は

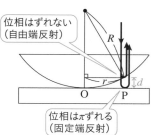

位相はずれない
（自由端反射）

位相は$\pi$ずれる
（固定端反射）

$$2d = \left( m + \frac{1}{2} \right) \lambda \quad \text{答}$$

(2) (1)で求めた明環が観測される条件は$d = 0$のとき成り立つような$m$の値が存在しません。一方，弱め合う条件は$2d = m\lambda$となり，$d = 0$のとき$m = 0$となるので，弱め合う条件が成り立ちます。

よって，点O付近は **暗い** 答

参考 計算上だけではなく，実際のニュートンリングでも中央付近は暗い円が観測されます。

# Advance

問　Basicの設定で，$r$が$R$に比べて十分に小さいとき，位置Pで明環が観測される条件を$R, r, \lambda, m\,(m=0, 1, 2, \cdots)$を用いて表せ。ただし，$|\alpha|$が1に比べて十分小さいとき$(1+\alpha)^n \fallingdotseq 1+n\alpha$が成り立つものとする。

 理解しよう

## 近似の式を使うときは，1を作ることが大切

■　近似の計算では$|\alpha|$が1に比べて十分に小さいことが重要ですが，変形では**カッコの中に1をつくる**ことを目標にしましょう。

## 解説

図より

$$d = R - \sqrt{R^2 - r^2}$$

$$\underset{\text{理}}{=} R - R\left(1 - \frac{r^2}{R^2}\right)^{\frac{1}{2}}$$ 〔カッコの中に1をつくります。〕

$\dfrac{r^2}{R^2}$は1に比べて十分に小さいので

$$d \fallingdotseq R - R\left(1 - \frac{r^2}{2R^2}\right) = \frac{r^2}{2R}$$

よって，覚**経路差は$2d$**なので明環の条件はBasic(1)の答えに代入して

$$\frac{r^2}{R} = \left(m + \frac{1}{2}\right)\lambda$$ 　答

参考　近似の計算については，さまざまなケースを見て慣れていくことが重要です。他の例として，ヤングの実験の経路差について考えてみましょう。その経路差は，図より　$|\overline{S_1P} - \overline{S_2P}|$
三平方の定理より

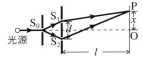

$$\overline{S_1P} = \sqrt{l^2 + \left(x - \frac{d}{2}\right)^2} = l\left\{1 + \frac{\left(x - \frac{d}{2}\right)^2}{l^2}\right\}^{\frac{1}{2}} \fallingdotseq l\left\{1 + \frac{\left(x - \frac{d}{2}\right)^2}{2l^2}\right\} = l + \frac{\left(x - \frac{d}{2}\right)^2}{2l}$$

同様に

$$\overline{S_2P} = l + \frac{\left(x + \frac{d}{2}\right)^2}{2l}$$　よって　$|\overline{S_1P} - \overline{S_2P}| = \left|\frac{x^2 - xd + \frac{d^2}{4} - \left(x^2 + xd + \frac{d^2}{4}\right)}{2l}\right| = \frac{dx}{l}$

**著者**

# 堀 輝一郎 Kiichiro Hori

河合塾講師、札幌日本大学中学校・高等学校教諭。
北海道大学大学院修士課程修了後に会社員になるも、「物理の考え方を持つ人を増やしたい」という思いから高校教諭に転身。北海道札幌開成高校などを経て現職。物理の楽しさを伝える授業を心がけており、指導した生徒の研究が内閣総理大臣賞を受賞するなど、生徒の探究心を日々育んでいる。
著書に『やさしい高校物理』（学研）があるほか、高校物理の教科書の編集にも携わる。
毎朝、ハンドドリップで入れるコーヒーを楽しんでいるが、コーヒー豆の産地による味の違いについては勉強中である。
共通テストの物理をやさしく解説する「理科が好き.com」も運営中。
https://www.rikagasuki.com

基礎レベルから入試レベルまでつなぐ
## 物理のブリッジ[力学・波動]

**STAFF**

| | |
|---|---|
| 装幀 | 山之口 正和、齋藤 友貴（OKIKATA） |
| 装画 | Knty |
| 編集協力 | 佐藤 玲子 |
| 校正 | 竹田 直、林 千珠子 |
| データ制作 | 株式会社 四国写研 |
| 印刷所 | 株式会社 リーブルテック |
| 企画・編集 | 樋口 亨 |